“无废城市”建设理论与实践丛书

农业固废循环利用技术与实践

丛宏斌　孟海波　沈玉君　编著

清華大學出版社
北　京

内 容 简 介

本书系统介绍了农业固废的来源、循环利用技术、成功实现农业固废循环利用的典型模式等，可为“十四五”乃至更长时间我国“无废社会”的建设提供基础资料和借鉴。

本书可供环境管理、农业废物资源化利用等领域的高等院校师生和科研院所研究人员及相关技术人员阅读参考。

本书封面贴有清华大学出版社防伪标签，无标签者不得销售。

版权所有，侵权必究。举报：010-62782989，beiqinquan@tup.tsinghua.edu.cn。

图书在版编目（CIP）数据

农业固废循环利用技术与实践 / 丛宏斌，孟海波，沈玉君编著. -- 北京 ：清华大学出版社，2024. 12.

（“无废城市”建设理论与实践丛书）. -- ISBN 978-7-302-67780-2

Ⅰ. X71

中国国家版本馆 CIP 数据核字第 2024AP5687 号

责任编辑：孙亚楠　樊　婧
封面设计：常雪影
责任校对：赵丽敏
责任印制：丛怀宇

出版发行：清华大学出版社
网　　址：https://www.tup.com.cn，https://www.wqxuetang.com
地　　址：北京清华大学学研大厦 A 座　　**邮　　编**：100084
社 总 机：010-83470000　　**邮　　购**：010-62786544
投稿与读者服务：010-62776969，c-service@tup.tsinghua.edu.cn
质量反馈：010-62772015，zhiliang@tup.tsinghua.edu.cn
印 装 者：大厂回族自治县彩虹印刷有限公司
经　　销：全国新华书店
开　　本：170mm×240mm　　**印　　张**：10.25　　**字　　数**：192 千字
版　　次：2024 年 12 月第 1 版　　**印　　次**：2024 年 12 月第1 次印刷
定　　价：59.00 元

产品编号：102168-01

“无废城市”建设理论与实践丛书
编委会

主　编　李金惠

编　委　陈　扬　丛宏斌　黄启飞　刘丽丽

聂小琴　牛玲娟　赵娜娜

序言

固体废物治理是生态文明建设的重要内容，是美丽中国画卷不可或缺的重要组成部分。加强固体废物治理既是切断水气土污染源的重要工作，又是巩固水气土污染治理成效的关键环节。党中央、国务院高度重视固体废物污染防治工作，新时代十年以来，针对影响人民群众生产生活的"洋垃圾"污染、"垃圾围城"、固体废物危险废物非法转移倾倒等突出问题，部署开展了禁止"洋垃圾"入境、生活垃圾分类、"无废城市"建设试点、塑料污染治理等多项重大改革，解决了很多长期难以解决的问题，切实增强了人民群众的获得感、幸福感、安全感。

"无废城市"建设是固体废物污染防治的重要篇章。2018 年 12 月，生态环境部会同 18 个部门编制《"无废城市"建设试点工作方案》，通过中央全面深化改革委员会审议，由国务院办公厅印发实施。生态环境部会同相关部门，筛选确定深圳等 11 个试点城市和雄安新区等 5 个特殊地区作为"无废城市"建设试点，各地积极探索和创新工作方法，形成一系列好做法、好经验。在试点基础上，根据《中共中央国务院关于深入打好污染防治攻坚战的意见》部署要求，2021 年 12 月，生态环境部会同有关部门印发《"十四五"时期"无废城市"建设工作方案》，确定 113 个城市和 8 个地区开展"无废城市"建设，"无废城市"建设从局部试点向全国推开迈进。

"无废城市"是以新发展理念为引领，通过推动形成绿色发展方式和生活方式，持续推进固体废物源头减量和资源化利用，将固体废物环境影响降至最低的城市发展模式。开展"无废城市"建设，从城市层面综合治理、系统治理、源头治理固体废物，在突破源头减量不充分、过程资源化水平不高、末端无害化处置不到位等固体废物污染防治瓶颈的同时，有利于改变"大量消耗、大量消费、大量废弃"的粗放生产生活方式，推动形成节约资源和保护环境的空间格局、产业结构、生产方式、生活方式，实现绿色低碳高质量发展。巴塞尔公约亚太区域中心对全球 45 个国家和地区相关数据的分析表明，通过提升生活垃圾、工业固体废物、农业固体废物和建筑垃圾 4 类固体废物的全过程管理水平，可以实现国家碳排放减量 13.7%～45.2%（平均为 27.6%）。

开展“无废城市”建设，是党中央、国务院作出的一项重大决策部署，关系人民群众身体健康，关系持续深入打好污染防治攻坚战，关系美丽中国建设。我国“无废城市”建设在推动固体废物减量化、资源化、无害化和绿色化、低碳化等方面取得积极进展，涌现了一大批城市经验和典型。为了全面总结“无废城市”建设的先进经验和典型，宣传和推广“无废城市”建设的中国方案，巴塞尔公约亚太区域中心会同中国环境科学研究院、农业部规划设计研究院、中国科学院大学、中国城市建设研究院有限公司、生态环境部宣传教育中心等单位共同组织编写了“无废城市”建设系列丛书，从国际、工业固废、农业固废、危险废物、生活垃圾、生活方式、典型案例7个方面，阐述不同领域固体废物的基本概念。

“十四五”“十五五”时期是美丽中国建设的重要时期，也是“无废城市”建设的关键时期。我相信，本丛书的出版会对致力于固体废物管理的工作者及开展“无废城市”建设的地区提供有益借鉴，也希望在开展“无废城市”建设的过程中，大家能够更加紧密地团结在以习近平同志为核心的党中央周围，认真贯彻落实党中央、国务院决策部署，推动“无废城市”高质量建设事业迈上新台阶、取得新进步，推动“无废城市”走向“无废社会”，为全面推进美丽中国建设、加快推进人与自然和谐共生的现代化作出新的更大贡献！

清华大学环境学院长聘教授、博士生导师

联合国环境署巴塞尔公约亚太区域中心执行主任

前言

新时代的十年，我国生态环境保护发生了历史性、转折性、全局性变化。尊重自然、顺应自然、保护自然，是全面建设社会主义现代化国家的内在要求。面向未来，我们必须更加牢固树立和践行“绿水青山就是金山银山”的理念，站在人与自然和谐共生的高度谋划发展。

“无废城市”建设以创新、协调、绿色、开放、共享的新发展理念为引领，通过践行绿色生产方式和生活方式，持续推进固体废物源头减量和资源化利用，将固体废物环境影响降至最低，是一种城市发展模式，也是一种先进的城市管理理念。统筹推进工业、农业、建筑和生活等领域固废治理，实现减量化、资源化、无害化是“无废城市”建设的核心任务。2020 年 4 月修订通过的《中华人民共和国固体废物污染环境防治法》，首次将农业固体废物写入法律文件，明确了农业固体废物产生者的回收利用责任，规定相关部门应组织建立回收利用体系，规范其收集、贮存、运输、利用、处置行为，防止污染环境。

农业固体废物指农业生产活动中产生的各类固体废物，具有组分复杂、来源多样、污染环境和季节性波动等特征，是农业面源污染的重要来源，威胁农业生态环境安全和农产品质量安全。近年来，在国家生态文明建设、农业绿色发展和乡村振兴战略实施的大背景下，农业固体废物污染防治和处理利用引起了全社会的广泛关注。

持续推进农业固体废物资源化利用和无害化处理，保持良好的农业生态和人居环境，是贯彻习近平生态文明思想、树立绿色发展理念的内在要求，是促进农村经济社会可持续发展的基本保障，是增进民生福祉的优先领域，是推进乡村振兴战略和助力“无废城市”建设的重要任务。开展“无废城市”建设是从城市整体层面深化固体废物综合管理改革和推动“无废社会”建设的有力抓手，是提升生态文明、建设美丽中国的重要举措。

本书在总结农业固体废物内涵与外延的基础上，探讨了农业固体废物的来源、分类、基本特征等，梳理了农业固体废物污染防治和处理利用的主要法规政策、市场体系等；系统介绍了农业固体废物处理利用技术路径和模式，结合首批

“无废城市”建设经验，剖析了农业固体废物资源化高效利用典型模式。本书内容共分为 4 章。

第 1 章分析了农业固体废物的内涵、外延及其来源、分类、特征和污染风险等，按不同来源分类解析了各种农业固体废物的特点。

第 2 章阐述了“无废城市”建设中农业固体废物资源化利用和无害化处理的战略需求、法规政策和市场体系等。

第 3 章梳理了农业固体废物处理利用技术体系和产业化应用技术模式，从肥料化、饲料化、能源化、基料化和原料化五个维度介绍了农业固体废物资源化利用技术。

第 4 章结合首批“无废城市”建设的生动实践和农业绿色发展的鲜活案例，阐释了农业固体废物资源化利用的典型模式。

本书编写过程中的相关调研活动得到了国家重点研发计划(2022YFD2300300、2019YFD1100501)、农业农村部规划设计研究院农规英才(QNYC-2021-03)、农业农村部规划设计研究院青年带头人(QD 202109)等项目的资助，同时，生态环境部固体废物与化学品管理技术中心、巴塞尔公约亚太区域中心为本书编写提供了首批“无废城市”建设情况的资料，农业农村部农业生态与资源保护总站提供了全国秸秆产生量数据，在此一并表示感谢。本书的编写还得到农业农村部规划设计研究院废弃物能源化利用创新团队的支持和帮助，尤其是叶炳南、邢浩翰、荆勇、邵思、李丽洁、陈明松、温冯睿、于炳弛、宋威、安佳铭等直接参与了资料整理与文字校对工作。

本书从不同维度和视角为农业固体废物画像，期待能在推动我国“无废城市”建设的过程中发挥应有作用。受笔者水平和精力所限，书中疏漏和不当之处在所难免，恳请广大读者、同仁不吝赐教，提出宝贵意见。

2022 年 11 月于北京

目录

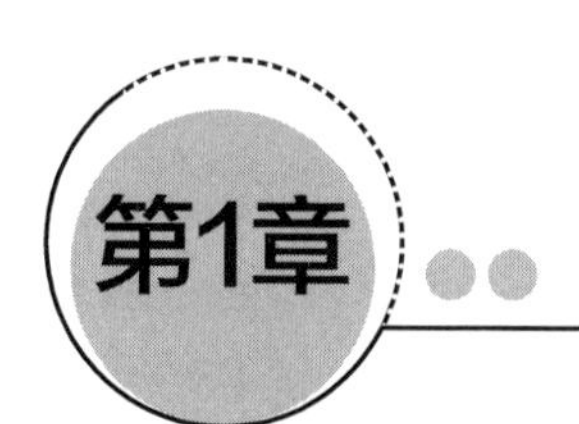

认识农业固体废物

1.1 农业固体废物来源

1.1.1 内涵与外延

1. 农业固体废物内涵

根据原环境保护部颁布的《农业固体废物污染控制技术导则》(HJ 588—2010),农业固体废物(简称"农业固废")指农业生产建设过程中产生的固体废物,主要来自植物种植业、动物养殖业和农用塑料残膜等。

国家标准《农业废弃物综合利用通用要求》(GB/T 34805—2017)界定,农业废弃物指农业生产和加工过程中废弃的生物质,包括种植业废弃物、林业废弃物和养殖业废弃物。

《中华人民共和国固体废物污染环境防治法(2020年修订)》界定,农业固体废物是指在农业生产活动中产生的固体废物,相关条文中明确涉及的农业固体废物包括畜禽粪污、农作物秸秆、废旧农膜,但未对其外延进行详细说明。

2. 农业固体废物外延

农业生产活动是人类有意识地利用动植物(种植业、畜牧业、林业、渔业和副业),以获得生活所必需的食物和其他物质资料的经济活动。根据《中华人民共和国固体废物污染环境防治法(2020年修订)》,农业固体废物源于农业生产活动,其外延非常宽泛,既包括种养业直接产生的农作物秸秆、果树剪枝、尾菜烂果、畜禽粪污、病死畜禽等,也包括农产品初加工产生的果壳、玉米芯、花生壳等,还包括可回收的废旧农业投入品,如废旧农膜、废弃农药包装物、废弃水产养殖网箱、废旧农机具等。

1.1.2 来源及分类

1. 分类方法

对农业固体废物合理分类，有助于梳理农业固体废物的基本特征，系统分析和分类指导农业固体废物的收集、存储、转运、利用和处置。根据我国固体废物分类的一般原则和基本方法，结合农业固体废物自身特点，农业固体废物可按照来源、毒性、组分和形态等进行分类，具体分类方法与主要组成见表 1-1。

表 1-1 农业固体废物分类方法

分类方法	类型	主要组成	备注
来源	农业种植类固体废物	农作物秸秆、果树剪枝、废菌包、尾菜烂果等	废旧农业投入品来自农业种植、畜禽养殖、水产养殖和农产品产地初加工等农业生产的各个环节，以塑料和金属类轻工业产品为主
	畜禽养殖类固体废物	畜禽粪污、病死病害畜禽、散落羽毛等	
	水产养殖类固体废物	残饵料、鱼类排泄物、水生植物残体等	
	产地初加工类固体废物	稻壳、花生壳、玉米芯、果皮、蛋壳等	
	废旧农业投入品	废旧农膜（地膜、棚膜、菌包膜等）、农药包装物、废旧网箱、废垫料、废饲料等	
毒性	一般固体废物	农作物秸秆、畜禽粪污、果树剪枝、玉米芯、废旧农膜、病死畜禽等	疫病病死畜禽及其排泄物具有危险特性，环境污染风险大
	危险废物	废旧农药包装物、养殖医废等	
组分	易腐有机固体废物	农作物秸秆、畜禽粪污、果树剪枝、尾菜、花生壳等	农业固体废物以有机固废为主，既有污染属性，也有资源属性
	难降解有机固体废物	废旧农膜、农膜包装物（塑料类）等	
	无机固体废物	农药包装物（石英类、金属类）、废旧农/渔机具等	
形态	固态废物	农作物秸秆、果树剪枝、废菌包、废农膜、废旧农药包装物、花生壳、玉米芯等	农业固体废物以固态废物为主，封存性的液态与气态废物少见
	半固态废物	畜禽粪污、养殖废垫料等	

2. 主要类型

按照来源，农业固体废物可分为农业种植、畜禽养殖、水产养殖、农产品产地初加工类固体废物和废旧农业投入品等，其中前四类以农业生产活动中自然产生的废物为主，多为易腐类生物质；废旧农业投入品一般为轻工业产品，与工业固体废物相似，来源于农业生产的各个环节。按照毒性，农业固体废物可分为一般固体废物和危险废物。依据《国家危险废物名录(2021)》，农药包装物属危险废物，危险废物代码是900-003-04，但危险废物豁免管理清单明确其收集、运输、利用和处置全过程不按危险废物管理，具体管理办法可参照《农药包装废弃物回收处理管理办法》(农业农村部生态环境部令2020年第6号)。病死畜禽未列入危险废物名录，因其除含有常规病原菌外，还可能含有口蹄疫、炭疽等高致死病毒，具有高危险特性，应进行无害化处理。按照组分，农业固体废物可分为易腐类、难降解类和无机类等，其中以有机废物为主，尤其是易腐类有机固体废物占绝大多数，难降解有机废物和无机废物一般来源于农业投入品。按照形态，农业固体废物可分为固态废物和半固态废物，其中以固态废物为主。

1.1.3　基本特征及污染风险识别

1. 基本特征

农业固体废物来源广泛，外在形态和理化性质差异大，其基本特征如图1-1所示，除具有一般固体废物的基本特征外，也有一些自身特征。

三大特征	(1) 统一来源与类型多样的双重性。农业固体废物全部来源于农业生产活动，其类型复杂多样。以无毒性废物为主，但也有部分有毒性废物和少数危险废物，如农药包装物；以有机废物为主，也有无机废物；以固体废物为主，也有半固态废物。各类废物的适宜资源化利用和无害化处置技术路径差异大。
	(2) 潜在污染与重要资源的两面性。农业固体废物绝大多数来源于农业种植和畜禽水产养殖，尤其是农作物秸秆与畜禽粪污产生量大，是重要的生物质资源，蕴含丰富物质和能量，因此具有资源属性。但"用之则利、弃之有害"，若不能妥善处理，均是重要污染源，对土壤、水体和大气等环境介质均存在污染风险。
	(3) 全年产生与季节波动的复杂性。农业是经济社会发展最重要的物质基础，农业固体废物与农业生产伴生，决定了农业固体废物产生的全年持续性。同时，农业生产，尤其是种植业具有明显的季节性，因此秸秆等农业固体废物的产生量随季节波动，对农业固体废物的储存、转运和资源化利用有不利影响。

图1-1　农业固体废物基本特征

2. 污染风险识别

农业固体废物有害成分可通过大气、土壤和水体等介质污染环境，影响自然生态与农业可持续发展，直接或间接危害人体健康。农业固体废物环境风险不仅取决于其物理、化学和生物特性，也与其收储运方式、利用途径和处置措施等有关。不同情景和处理环节的农业固体废物潜在污染风险主要表现在以下四个方面。

1）农业种植固体废物

不同情景与环节下，农作物秸秆、尾菜烂果、废菌包、果树剪枝等农业种植固体废物的主要污染风险如图 1-2 所示。废弃就地露天焚烧情景下，存在大气污染风险和交通安全隐患，引发全社会的广泛关注。露天焚烧排放的污染物主要包括颗粒物、氮氧化物等。在河流、沟渠等水源地随意堆弃的秸秆、尾菜烂果等腐烂后，有机物和微生物进入水体可造成水体污染。另外，不经好氧发酵处理的废菌包随意堆弃，存在杂菌、虫卵等污染风险。

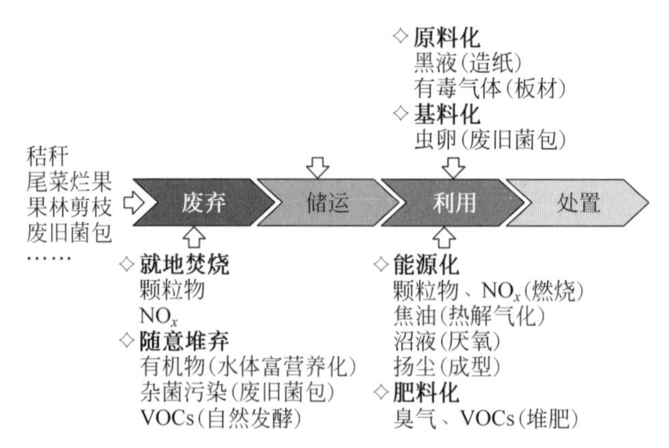

图 1-2　农业种植固体废物潜在污染风险

在处理利用情景下，收储运环节污染风险包括两方面：一是在秸秆捡拾、打捆和转运过程中存在扬尘风险；二是在储存过程中，部分废物腐变后存在有机物或微生物污染水体风险，以及挥发性有机物污染大气风险。转化利用环节的污染风险包括燃烧过程中的氮氧化物等常规气体污染物排放风险、厌氧发酵过程中的甲烷泄漏和沼液二次污染风险、热解气化过程中的焦油污染风险、堆肥过程中的臭气（NH_3、H_2S 等）污染风险、基料化利用中的杂菌污染风险等。另外，有研究认为，秸秆直接还田容易携带大量植物病原菌和虫卵，还田为其提供了适宜的生长环境和营养物质，增加土传病害风险。《中华人民共和国土壤污染防治法》指出，国家鼓励和支持农业生产者综合利用秸秆、移出高富集污染物秸秆。

2）畜禽养殖固体废物

不同情景与环节下，畜禽粪污、废垫料、病死病害畜禽、废饲料等畜禽养殖固体废物的主要污染风险如图 1-3 所示。废弃随意堆放情景下，畜禽粪污对水体、土壤和大气均存在污染风险，主要表现在有机物污染、病原微生物污染、抗生素污染、重金属污染、臭气污染和挥发性有机物污染等，尤其是病死畜禽因携带不明病原体，随意丢弃存在重大环境污染风险。

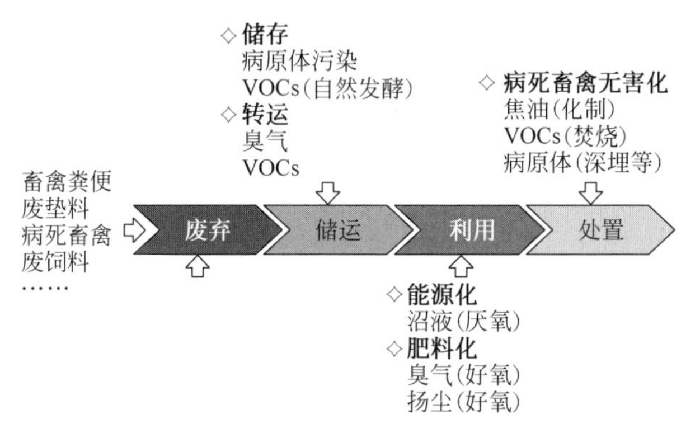

图 1-3　畜禽养殖固体废物潜在污染风险

在处理利用情景下，收储运环节主要存在病原微生物和挥发性有机物污染风险，病死畜禽有特殊致病菌污染风险。转化利用环节的污染风险包括厌氧发酵过程中的沼气泄漏和沼液污染风险、好氧堆肥过程中的臭气污染风险等。病死畜禽焚烧、深埋和化制无害化处置过程中，也存在病原微生物、挥发性有机物和焦油等污染风险。法规政策文件对养殖固体废物污染防治有具体规定，如《畜禽规模养殖污染防治条例》指出，染疫畜禽及染疫畜禽排泄物、染疫畜禽产品、病死或者死因不明的畜禽尸体等病害畜禽养殖废弃物，应当按照有关法律、法规和国务院农牧主管部门的规定，进行深埋、化制、焚烧等无害化处理，不得随意处置。

3）废旧农业投入品

不同情景与环节下，废旧农膜、农药包装物废弃物、废旧网箱等农业生产投入品的主要污染风险如图 1-4 所示。废弃情景下，废旧农膜对土壤和水体有微塑料等污染风险。农药包装物因其农药残留具有毒性，属于危险废物，随意丢弃后对土壤、大气和水体有重大污染风险。

在处理利用情景下，收储运环节污染风险包括：①因地膜田间收集环节存在技术瓶颈，残留部分对土壤有微塑料等污染风险；②农药包装物在储存转运过程中存在毒性挥发性有机物污染风险。转化利用环节的污染风险包括焚烧或热解技术条件下的挥发性有机物和焦油污染风险，再生塑料颗粒生产过程中

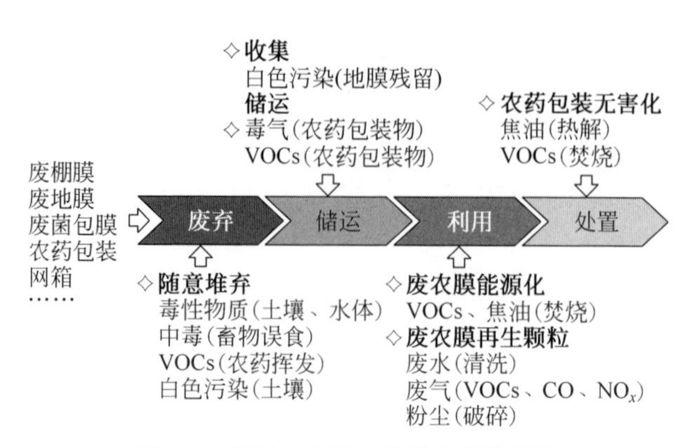

图 1-4 废旧农业投入品潜在污染风险

的废气、废水污染风险等。法规政策文件对废旧农业投入品污染防治有具体规定,如《农药包装废弃物回收处理管理办法》提出,农药生产者、经营者应当按照“谁生产、经营,谁回收”的原则,履行相应的农药包装废弃物回收义务。农药生产者、经营者可以协商确定农药包装废弃物回收义务的具体履行方式。农药使用者应当及时收集农药包装废弃物并交回农药经营者或农药包装废弃物回收站(点),不得随意丢弃。

4) 农产品产地初加工固体废物

不同情景与环节下,玉米芯、花生壳、稻壳等农产品初加工固体废物的主要污染风险如图 1-5 所示。与农业种植固体废物污染风险相似,农产品产地初加工固体废物在废弃情景下存在就地露天焚烧和随意堆放场两类污染风险,在存储、转运和利用环节与农业种植固体废物的污染风险也基本相同。因农产品初加工固体废物的产出相对集中,与农业种植固体废物相比,其收集与利用成本更低,利用难度更小,因此,目前多数农产品加工固体废物的开发利用较好,收集、转运和处理利用等各个环节存在的污染风险也相对较小。

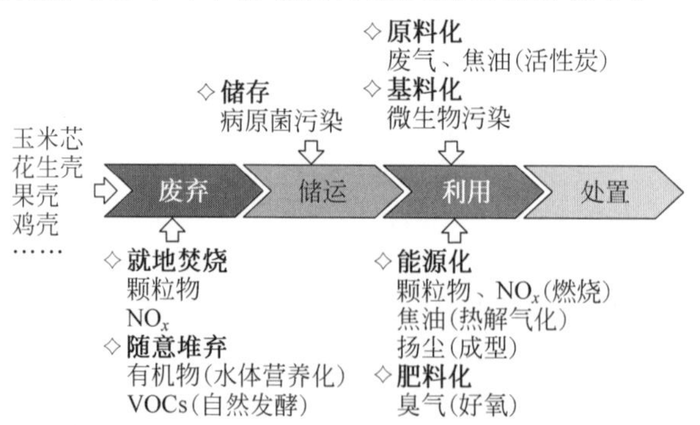

图 1-5 农产品产地初加工固体废物潜在污染风险

1.2 农业种植类固体废物

人们为获取各类植物性产品，在粮食、油料、蔬菜、绿肥、饲料、花卉、林果等各类作物栽培过程中直接产生的植物残体类固体废物，统称为农业种植类固体废物。它是某种物质和能量的载体，被认为是一种特殊形态的农业资源或生物质资源。农业种植类固体废物主要包括农作物秸秆、果树剪枝、废菌包、尾菜、烂果等。

1.2.1 农作物秸秆

1. 什么是秸秆

秸秆是成熟农作物茎叶部分的总称。根据农业行业标准《农作物秸秆资源调查与评价技术规范》(NY-T 1701—2009)中的术语定义，秸秆指农业生产过程中，收获了稻谷、小麦、玉米等农作物籽粒后，残留的不能食用的茎、叶等农作物副产品，不包括农作物地下部分。

2. 为什么要推进秸秆综合利用

农作物光合作用产物的一半以上存在于秸秆中，秸秆富含氮、磷、钾、钙、镁和有机质等，是一种具有多用途、可再生的生物质资源(图 1-6)。我国农作物秸秆种类多、总量大，是世界第一大秸秆产出国，占全球秸秆产生量的近 1/5。还田循环利用是国外秸秆利用的主导方式。发达国家秸秆利用较充分，杜绝了废弃与露天焚烧的问题。“用之则利，弃之有害”，受农村经济社会发展水平和农业生产条件等因素制约，我国农作物秸秆产生与供给显现出阶段性、结构性和区域性过剩现象，秸秆田间禁烧压力依然较大。

图 1-6 秸秆的收集和存储

3. 产生量与空间分布

全国秸秆产生与利用流向如图 1-7 所示。2022 年，我国农作物秸秆可收集量为 7.2 亿吨，其中，玉米、水稻、小麦三大粮食作物秸秆可收集量占全国秸秆总量的 80%以上。综合利用率达 87.7%，其中，肥料化利用率是 62.1%、饲料化利用率是 15.4%、燃料化利用率是 8.5%、基料化利用率是 0.7%、原料化利用率是 1.0%，肥料化和饲料化为主、燃料化为辅的“农用优先、多元利用”格局基本形成。

我国农作物秸秆空间分布受地理环境和气候条件等因素影响，总体呈现出“东大西小、北大南小”的阶梯状分布特征，我国农作物秸秆资源主要集中在东北、华北和长江中下游地区，均占全国秸秆产生量的 2/3 以上。

玉米秸秆空间分布特征为主要在东北和华北地区富集，并沿对角线向西南地区延伸，东北和华北地区占全国玉米秸秆产生量的 2/3 以上，其中，黑龙江、吉林、山东、河北、河南 5 省产出最为集中，合计占全国玉米秸秆产生总量的一半以上。水稻秸秆空间分布特征为出现南北两极，分别是以黑龙江为极心的东北地区和以湖南、江西为极心的江南地区(包括长江中下游、西南和东南)，黑龙江、湖南、江西三省合计占全国水稻秸秆产生量的 1/3 以上。小麦秸秆空间分布特征为以河南、山东为中心，向南北出现短线扩展，向西部沿河西走廊深度延伸，小麦秸秆主要集中在华北地区，占全国小麦秸秆产生量的 60%左右。

知识链接 1——

秸秆产生量相关术语释义

(1) 作物草谷比：某种农作物单位面积秸秆产量与籽粒产量的比值。秸秆和籽粒的重量与含水量密切相关，当给出某种作物的草谷比时需同时注明含水量，默认情况下按空气干燥基(含水率 15%)计。

(2) 秸秆理论产生量：根据播种面积和作物草谷比等要素计算得到的某一区域农作物秸秆年总产量，表明理论上该地区每年产生的秸秆的数量。

(3) 秸秆可收集量：某一区域利用现有的收集方式，可收集获得供实际利用的农作物秸秆的数量。

(4) 秸秆收集系数：某一区域某种农作物秸秆可收集量与理论产生量的比值。可通过实际调查作物割茬高度占作物株高的比例和秸秆茎叶损失率等计算。

4. 资源化利用技术体系

秸秆资源化利用技术体系框架如图 1-8 所示，整体上可分为构架层、共用技

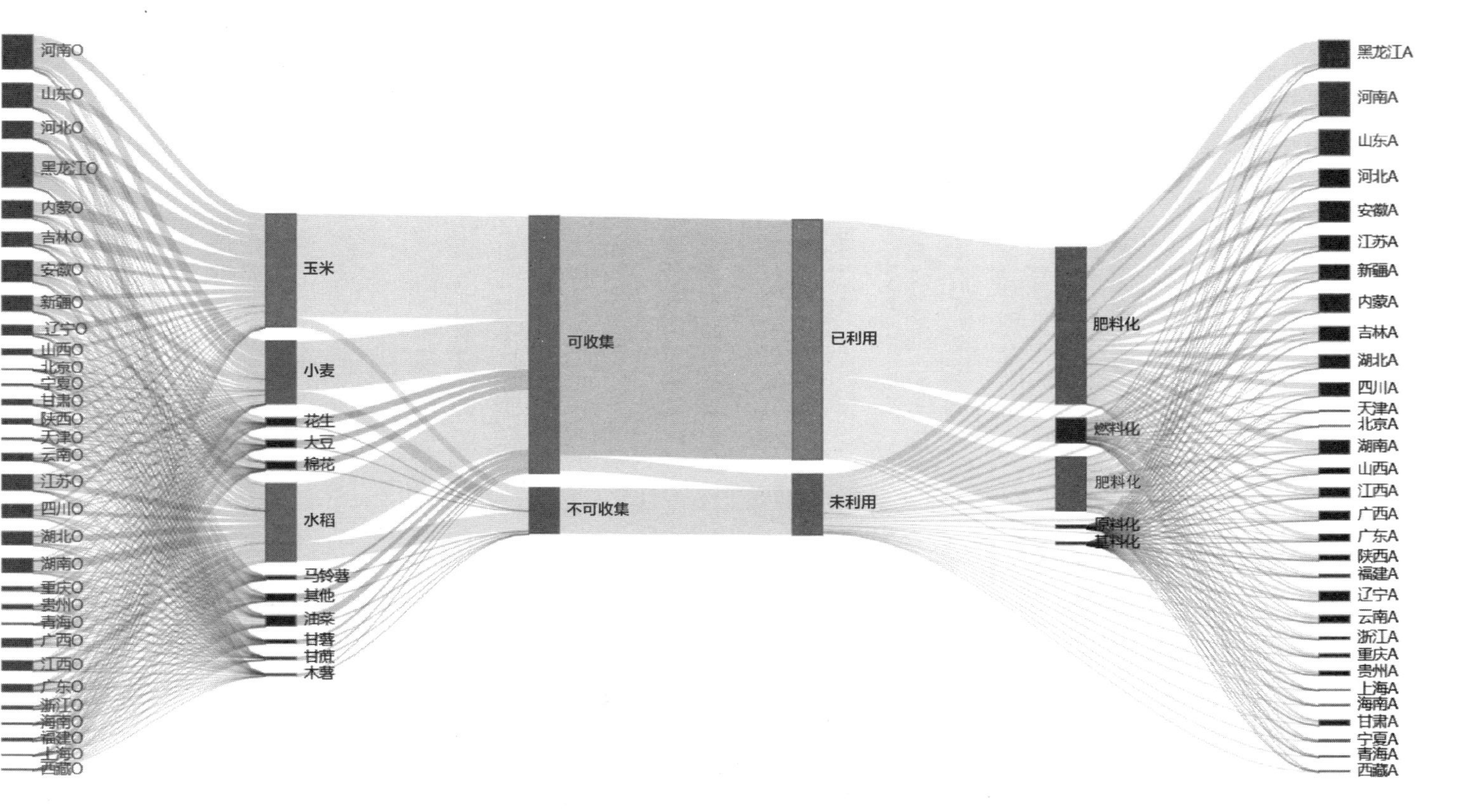

图 1-7　全国秸秆产生与利用流向图

术层和专用技术层。构架层对秸秆利用技术体系进行了基础分类,分为直接还田和离田利用两大技术系统。直接还田技术是一种秸秆就地肥料化利用技术,包括快腐还田、深松还田、旋耕还田和覆盖还田技术等,是目前最主要的秸秆利用方式。离田利用技术是秸秆经田间收割、捡拾、打捆和转运后的就近或高值利用技术,所包括的具体技术形式较多。

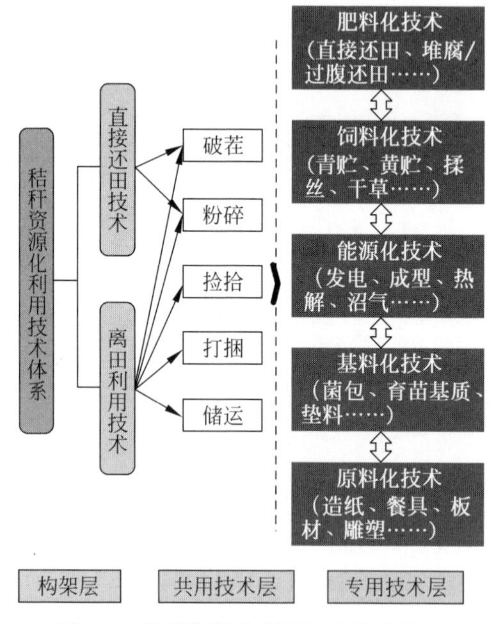

图 1-8 秸秆资源化利用技术体系框架

目前,可用于示范推广和产业应用的秸秆综合利用技术已达到 10 余种。为便于宣传推广和数据统计,多年来,国家和地方相关文件将其归纳为肥料化、饲料化、能源化、原料化、基料化 5 类主要途径,简称"五化"利用,专用技术层沿用了这一惯用分类方法。

(1) 秸秆肥料化利用技术应用最为广泛,除包括直接还田肥料化利用技术外,还包括过腹还田肥料化利用技术,以及菌肥联产、气肥联产肥料化利用技术等。

(2) 秸秆饲料化利用技术包括秸秆青贮、黄贮、膨化、成型、干草等秸秆饲料加工技术。适合饲料化利用的秸秆主要包括玉米、花生、油菜和豆类等作物秸秆。

(3) 秸秆能源化利用技术主要包括发电(热电联产)、成型、热解、捆烧等能源化利用技术,其中,秸秆发电(热电联产)技术是秸秆能源化利用最主要的技术形式。

(4) 秸秆基料化技术指以秸秆为主要原料,加工或制备成为微生物、植物或动物生长提供一定营养和良好条件的有机物料的技术,主要包括食用菌或育苗栽培基质、动物饲养垫料技术等。

(5) 秸秆原料化利用技术指秸秆作为轻工业或手工业原料进行加工利用的技术，主要包括造纸、板材加工、秸秆雕塑和秸秆编制等。

共用技术层处于构架层与专用技术层之间，是农作物秸秆“五化”利用的衔接技术，主要包括秸秆收割、破茬、粉碎，以及离田利用技术体系中所涉及的秸秆储运等相关技术。共用技术也是秸秆综合利用技术体系的重要组成部分。

1.2.2　果树剪枝

1. 什么是果树剪枝

为了提高果树结果质量而剪除的徒长枝、下垂枝、背上枝、过密枝、病虫枝和弱小枝等，统称为果树剪枝(图 1-9)。与农作物秸秆相比，果树剪枝的产出相对集中，密度大且热值高，作为重要的生物质资源，更适合离田高值利用。

图 1-9　果园及其修剪

2. 产生量与空间分布

据估算，全国果园种植面积超过 1.8 亿亩，果树修剪树枝产生量达到 8000 万吨以上。我国果树品种多、分布广，其中，苹果树种植主要集中在邻近渤海湾的山东、辽宁、河北，秦岭北麓的豫西、关中，西北黄土高原的渭北、陇中及西南部分冷凉高地；梨树种植集中在河北、辽宁、山东；葡萄种植主要分布在新疆、山东、河北、河南、辽宁等；柑橘种植主要分布在广东、四川、广西、福建、浙江、湖北、湖南等；香蕉种植集中在台湾、广东、广西、福建、云南、四川等；荔枝种植主要分布在广东、广西、台湾、福建等。

3. 主要利用方式

(1) 成型燃料

利用专用成型设备可将粉碎后的果树剪枝压缩成颗粒或块(棒)状成型燃料，果树剪枝为原料的成型燃料密度可达到 $1100kg/m^3$ 以上，对改善燃烧效果、减少污染物排放和降低运输成本均有重要意义。生物质成型燃烧可作为农户采暖、炊事的燃料，也可作为工业用户生产蒸汽或热水的燃料。

(2) 密度纤维板

通过粉碎、刨片、干燥、拌胶、铺装和热压等工艺，果树剪枝可用来生产各类密度板，也称密度纤维板。由于密度板结构均匀、材质细密、性能稳定、耐冲击、易加工，在国内家具、装修、乐器和包装等方面应用比较广泛。

(3) 堆腐还田

粉碎后的果树剪枝通过堆腐处理，可有效杀死病菌、虫卵和杂草种子等，增加堆积密度，便于运输和使用。堆肥时需添加尿素、碳铵等人工氮源，发酵温度控制在70℃左右，一般发酵7天后翻堆，再经数日持续高温完全腐熟后，即可直接施用于果园或其他农田。

(4) 果树行覆盖还田

将果树剪枝加工成木屑，用杀虫剂及杀菌剂喷施后堆放数日，沿树行铺盖于土壤表面，一般厚度为10～15cm，宽度为40～60cm，距离树主干10cm左右。果树行覆盖可改善土壤结构，增强气体交换，增强土壤持水性，调节地温，为果树提供养分。

(5) 热解炭化

果树剪枝经慢速低温热解后可生产木炭，无论是原木炭还是机制炭均是高品质燃料。生物炭可培肥地力、改善土壤理化性质。另外，其化学性质非常稳定，在土壤可封存数百至上千年，生物炭还田是增加土壤碳汇的有效途径。

1.2.3 废菌包

1. 什么是废菌包

废菌包指食用菌采收后，产生的各类废弃菌包残体，包括废基质和废包膜(图1-10)。食用菌栽培基料主要包括农作物秸秆、木屑、麦麸、玉米芯、棉籽壳等，并配有调理性物质，如禽畜粪便、尿素，以及石灰、石膏等。

图1-10 食用菌种植及其废旧菌包

2. 利用价值

废菌包中含有丰富的天然聚合物，如壳聚糖、甲壳素、蛋白质、纤维素和半纤维素等。另外，残存的菌丝体富含铁、钙、锌等微量元素，以及碳水化合物、粗蛋白等，废菌包具有较高回收利用价值。

3. 主要利用方式

(1) 肥料

废菌包富含有机成分，可与其他有机废弃物混合堆肥。废菌包堆沤发酵后施用，能够有效提高土壤有机质含量，增强微生物活性，提升土壤温度，改善土壤通气性和持水能力。另外，菌糠发酵形成的腐质酸，可为作物生长提供微量营养素。

(2) 燃料

废菌包中含有未完全降解的秸秆、木屑、玉米芯等，热值一般在14MJ/kg以上，可作为乙醇、沼气的发酵原料，也可用于生产生物质成型燃料。部分地区的农民将废菌包直接燃烧用于炊事或冬季取暖。

(3) 生物活性物质

废菌包中含有多种具有抗病毒、抗肿瘤、调节酶活性等功能的代谢物质，如多糖、植物甾醇、三萜皂苷、肌酸等，具有一定的高值化开发利用价值。

1.2.4 尾菜

1. 什么是尾菜

尾菜是蔬菜种植、初加工和流通过程中被丢弃的固体废物，包括蔬菜的烂根、烂茎、烂叶，烂瓜果及废弃果皮等，其产生量占蔬菜总产量的30%左右。

2. 特点与利用价值

尾菜含水率高、干物质含量低、碳氮比低、容易腐烂，不及时有效处理，对环境会造成较大污染。与其他农业固体废物相比，尾菜表现出产生集中、生物降解率高、基本无毒性、富含营养元素等特点，具有一定的资源化利用价值。

3. 主要利用方式

(1) 颗粒饲料

通过清洗、打浆、压榨、烘干、造粒、过筛等工序可生产加工尾菜颗粒饲料。

尾菜颗粒饲料能够有效延长贮藏期、降低运输和饲喂成本，并使尾菜中的纤维素和蛋白质等营养成分得到更加充分的利用。

（2）青贮饲料

以尾菜为主要原料，辅以麸皮、小麦秸秆、玉米粉等，采用青贮池或袋装包裹等方式，在乳酸菌等微生物的厌氧发酵作用下，改变尾菜性状，并将碳水化合物转化为乳酸，可有效改善其适口性，提高营养价值及消化吸收率。

（3）沼气/堆沤有机肥

部分纤维素含量高的藤蔓、根茎类尾菜是厌氧发酵的良好原料，通过微生物厌氧发酵，可将尾菜转化为沼气。此外，也可通过好氧发酵方式，将尾菜堆沤处理后生产有机肥。

1.2.5 烂果

1. 什么是烂果

烂果是指因成熟过度落地腐烂，或因天气和病虫害等导致腐烂的果实。

2. 主要危害

果园烂叶烂果是滋生病虫害的温床，应及时清理出园，尤其是冬季需彻底清园，以最大限度地减少病菌、害虫的越冬基数。堆沤处理是杀死烂果中病菌和虫卵的重要方法之一，也是烂果最主要的利用途径。

3. 主要利用方式

（1）酵素

将收集的落果、次果、烂果，按一定比例加入红糖和水，装入密封的容器，经厌氧发酵，即可生产环保水果酵素。水果酵素是一种良好的有机肥料，在果树生长季可作为叶面肥喷施，既可以防虫防病，又是果树的叶面肥。

（2）酒精

将烂果放入清水中冲洗，洗净腐烂部分后，捞出沥水并打碎成混合果浆，加入白糖、醋、酒曲、糖化酶等，经过发酵蒸馏可制成酒精。

1.3 畜禽养殖类固体废物

人们为获取肉、蛋、奶、毛、绒、皮等各类畜禽产品，在猪、羊、牛、驴、鸡、鸭、鹅等家畜家禽饲养和鹿、貂、水獭、麝等野生经济动物驯养过程中产生的各类固体或半固体废物统称为畜禽养殖类固体废物，主要包括畜禽粪便、废垫料、病死病害畜禽、散落羽毛等。随着我国畜禽养殖业持续快速发展，养殖规模化和集约化水平显著提高，养殖类固体废物处置利用已成为农村地区环境治理的重要内容。

1.3.1　畜禽粪便

1. 什么是畜禽粪便

畜禽粪便是畜禽养殖业中产生的一类农业固体废物，指未被畜禽消化吸收的食物残渣，含少量消化道分泌液、脱落细胞和微生物，包括猪粪、牛粪、羊粪、鸡粪、鸭粪等(图 1-11)。畜禽粪便含有丰富的有机质和氮、磷、钾等养分，同时含有钙、镁、硫等多种矿物质及微量元素，可满足作物生长对多种养分的需要。

图 1-11　畜禽养殖粪便

2. 污染风险

畜禽粪便中含有大量的有机物，且有可能带有病原微生物和各种寄生虫卵，不及时处理或科学利用，会对环境造成严重的有机污染和生物污染，并对人畜健康造成威胁。近年来，我国畜禽养殖业快速发展，养殖方式从家庭散养向规模化养殖加速转变，随之带来的环境压力和挑战日益突显，污染风险主要体现在以下四个方面。

(1) 氮磷污染。畜禽粪便中含有大量氮和磷的化合物，进入土壤后会转化为硝酸盐和磷酸盐，污染农田，进入水体会导致硝态氮、硬度和细菌总数超标。

(2) 臭气污染。粪便中含有硫化氢、粪臭素(甲基吲哚)、脂肪族的醛类、硫醇、胺类和氨气等，不仅臭气难闻，如不及时处理，臭气还会危害人畜健康。

(3) 生物污染。患病或隐性带病的畜禽会排出多种致病菌和寄生虫卵，如大肠杆菌、沙门氏菌、禽流感病毒、马立克氏病毒、蛔虫卵、毛首线虫卵等，如不及时处理，不仅会造成蚊虫滋生，而且还会成为疫病传染源。

(4) 重金属污染。畜禽养殖中大量使用各种微量元素添加剂，导致部分畜禽粪便中的重金属元素超标，不进行有效处理会对环境安全造成较大影响。

3. 产生量与空间分布

我国每年畜禽粪污产生量约为30.5亿吨，其中畜禽粪便产生量约为18亿吨。河南、四川、山东、湖南、云南、湖北、河北、广西、黑龙江和内蒙古等省畜禽粪污产生量较大。

知识链接2——

粪便与粪污术语释义

(1) 畜禽粪便：指未被畜禽消化吸收的食物残渣，含有少量的消化道分泌的消化液、脱落的细胞及微生物，是畜禽养殖业中产生的一类农业固体废物。

(2) 畜禽粪污：指畜禽养殖业中产生的固体废物和液体废物混合物，包括畜禽粪便、废垫料、尿液及冲洗用水等。

4. 粪污、粪便利用技术途径

(1) 肥料化利用

畜禽粪便中含有大量的有机质和丰富的氮、磷、钾等元素，还田利用可有效增加农田地力(图1-12)。①粪污全量还田。对养殖场产生的畜禽粪污(粪便、粪水和污水)进行集中收集，全部进入氧化塘储存发酵后储存，在施肥季节进行农田利用。②粪便腐熟还田。以养殖场的固体粪便为主，经过高温好氧堆肥无害化处理后，直接农田利用或生产商品有机肥，堆肥方式主要包括条垛式、槽式、筒仓式、高(低)架发酵床、异位发酵床等。

图1-12 粪便有机肥及其应用

(2) 能源化(粪污)

畜禽粪污通过厌氧发酵后,产生沼气、沼渣、沼液,可在处理废物的同时获取能源和肥料。沼气可用于炊事、发电或提纯生物天然气,沼渣生产有机肥农田利用,沼液农田利用或深度处理达标排放。生产沼气是畜禽粪污资源化利用的重要途径,实现了能源化、肥料化综合利用,但与堆肥技术相比,工程投资相对较高。

(3) 垫料化(粪便)

一般应用于奶牛场。奶牛粪便具有纤维素含量高、质地松软和含水量少等特点,一般先将奶牛粪污固液分离,然后对固体粪便高温好氧发酵,发酵完成即可作为牛床垫料使用。牛粪作为垫料利用时要彻底进行无害化处理,否则存在生物安全风险。

(4) 饲料化利用(粪便)

鸡饲料是配方全价饲料,营养成分较全,而鸡对饲料的消化吸收率较低,所食饲料约70%的营养物质被排出体外,鸡粪剩余营养比较丰富,具有一定的饲料利用价值。

鸡粪饲料化利用方式包括:①直接饲用法。利用鸡粪代替部分精料养牛、喂猪。②青贮法。粪便中碳水化合物含量低,常和一些禾本科青饲料一起青贮。③干燥法。鸡粪经干燥后转变成鸡肮粉高蛋白饲料。④分解法。利用蛆虫、蚯蚓和蜗牛等低等动物分解粪便,同时,蛆虫、蚯蚓可用于生产优质蛋白饲料。

1.3.2 病死病害动物

1. 什么是病死病害动物

根据农业部印发的《病死及病害动物无害化处理技术规范》,病死病害动物包括染疫动物及其产品、病死或者死因不明的动物尸体,屠宰前确认的病害动物、屠宰过程中经检疫或肉品品质检验确认为不可食用的动物产品,以及其他应当进行无害化处理的动物及动物产品。

2. 污染风险

我国每年畜禽养殖量达150多亿头(只),死亡率一般在5%~10%,产生约200万吨的病死畜禽,尤其是突发性动物疫情发生时,畜禽死亡率急剧升高,对水体、空气、土壤等环境介质有较大污染风险,给畜禽养殖业持续健康发展造成较大威胁。此外,病死畜禽如不按国家有关规定进行无害化处理,还易造成动物疫病和人畜共患病的扩散蔓延,特别是病死畜禽流入消费市场,威胁人们的身体健康。

3. 处理利用技术

为进一步规范病死及病害动物和相关动物产品无害化处理，防止动物疫病传播扩散，保障动物产品质量安全，根据《中华人民共和国动物防疫法》《生猪屠宰管理条例》《畜禽规模养殖污染防治条例》等有关法律法规，2017 年，农业部组织制定了《病死及病害动物无害化处理技术规范》，规定了病死及病害动物和相关动物产品无害化处理的技术工艺和操作注意事项，以及处理过程中病死及病害动物和相关动物产品的包装、暂存、转运、人员防护和记录等要求。处理利用技术方法主要包括：

(1) 堆肥法。将畜禽动物尸体放到堆肥内部，通过微生物降解杀灭病原菌，处理过程相对稳定，主要包括条垛式静态堆肥技术和发酵仓式堆肥技术。

(2) 焚烧法。指在焚烧容器内，使病死及病害动物和相关动物产品在富氧或无氧条件下进行氧化反应或热解反应的方法，该方法处理简单、高效，但经济投入相对较高且会产生大量烟气或焦油。

(3) 化制法。指在密闭的高压容器内，通过向容器夹层或容器内通入高温饱和蒸汽，在干热、压力或蒸汽、压力的作用下，处理病死及病害动物和相关动物产品的方法，该方法操作简便、投入低、处理周期短，但对设备要求高。

(4) 高温法。指常压状态下，在封闭系统内利用高温处理病死及病害动物和相关动物产品的方法，该方法操作简单、安全，但加热后会有异味废气产生。

(5) 深埋法。指按照相关规定，投入深埋坑中并覆盖、消毒处理病死及病害动物和相关动物产品的方法，该方法便利、投入少，但会占用较多土地，且如处理不当有二次污染风险。

一般深埋法应用于动物疫情、自然灾害等突发事件时病死和病害动物的紧急处理，高温法、焚烧法等适合用于所有患病动物，化制法不适合用于处理带有炭疽等芽孢杆菌类疾病、牛海绵状脑病等疫病的动物。

知识链接 3——

病死及病害动物处置利用相关术语释义

(1) 病死病害动物无害化处理技术：指用物理、化学等方法处理病死畜禽及相关畜禽产品，消灭其所携带的病原体，进而消除病死病害动物危害的过程，主要包括深埋法、化尸窖法、焚烧法等。

(2) 病死病害动物资源化利用技术：采用生物、物理或化学等方法，将病死畜禽及相关畜禽产品生产转化为有机肥、肉骨粉、动物油脂等有利用价值产品的过程，主要包括堆肥法、化制法、热解法等。

1.3.3 家禽散落羽毛

1. 什么是散落羽毛

羽毛是禽类表皮细胞衍生的角质化产物。散落羽毛指因互啄、脱毛和换羽等原因，导致家禽养殖过程中脱落的羽毛。羽毛作为一种动物源性产品，蛋白营养价值丰富，深加工处理后是潜在的动物养殖蛋白质源之一。

2. 污染风险

我国是家禽养殖大国，家禽养殖过程中每天在养殖场内都会产生散落羽毛，随意丢弃会导致蚊蝇滋生，产生难闻甚至有毒有害气体，有时还会携带大量病原菌和病毒。散落羽毛被随意丢弃，或者和生活垃圾一起填埋或者焚烧，会对水、空气和土壤造成污染，处理不当还会引发人体呼吸道、肠道疾病及皮肤过敏、瘙痒等，对人们健康造成危害。

3. 处理利用技术

羽毛经加工后可制作成羽毛球、羽毛笔、羽绒等物品，有较高的利用价值。次等羽毛可用于制成羽毛粉。羽毛粉的加工主要包括3类方法。

(1) 物理处理法。利用一定的外部条件(高温、高压)使羽毛水解为可溶的多肽、寡肽混合物。物理法的流程相对比较简单，但物理法降解羽毛会破坏氨基酸分子，产物稳定性较差，尤其是在作为饲料使用时，蛋白粉口味不佳，吸收消化率较低。

(2) 化学处理法。包括酸水解法、碱水解法和氧化还原剂法。酸水解法一般用一定的盐酸、硫酸加热水解，碱水解法一般用氢氧化钠、氢氧化钙等加热水解，氧化还原法常用的试剂有过氧乙酸、巯基乙醇等。

(3) 微生物降解法。采用一种或多种微生物将羽毛生物降解后加工成羽毛粉，该方法反应条件相对温和，对环境影响较小。

1.4 水产养殖类固体废物

水产养殖指人类利用可供养殖(包括种植)的水域，按照养殖对象生态习性和对水域环境条件要求，运用水产养殖技术和设施，从事的水生经济动、植物养殖，养殖对象包括鱼类、软体动物、甲壳类和水生植物等，是农业生产的重要组成之一。水产养殖类固体废物主要包括由残饵料、水生动物排泄物等组成的鱼塘污泥和水生植物残体等。随着我国水产养殖业的快速发展，养殖方式由半集约化向高度集约化和工厂化方向发展，水产养殖固体废物引发的水质恶化、病害等环境污染问题日益突出。

1.4.1 鱼塘污泥

1. 什么是鱼塘污泥

鱼塘污泥一般指精养高产池塘鱼(虾等)粪便、饲料残渣、泥沙沉积等在池底形成的具有一定厚度的淤泥(图 1-13)。

图 1-13 鱼塘污泥和河床淤泥

2. 基本特征

鱼塘污泥有机物质含量高，并富含氮、磷、钾等元素，具有较高的肥料化利用价值。池底污泥如果不及时清理，污泥中的有机物会在微生物作用下发酵分解，消耗大量氧气，影响鱼(虾)繁殖和生长，甚至会使其大面积死亡。

3. 利用途径

目前，鱼塘污泥主要作为有机肥施用，但将其直接施入农田，有一定的环境风险。通常先在鱼塘淤泥里面加入生石灰，再进行翻晒，使淤泥中的硫化氢充分挥发，以减少淤泥中的有害物质对农作物的损害。

堆肥是鱼塘污泥资源化利用的重要手段，其基本原理是采用好氧发酵技术，利用微生物将池塘污泥分解转化成更稳定、安全的有机物形式。堆肥可以有效减少污泥体积，有效控制细菌、病原体和臭气等。利用鱼塘污泥堆制的肥料，能改善土壤地力、耕作性能和持水能力，适用于果蔬、园艺和花卉等种植，具有较高的经济价值。

1.4.2 水生植物残体

1. 什么是水生植物残体

水生植物残体即未分解的水生植物组织及其部分分解产物。能在水中生长的植物统称为水生植物,如芦苇、荷、水草等(图1-14)。水生植物死亡后,大部分残体将沉积到塘底表层沉积物中。

图1-14 池塘与河流中的挺水植物

2. 基本特征

池塘或湖泊中的水生植物是水体生态系统的重要组成部分。除了净化水体外,其自身储存了大量营养物质,包括较高的有机质、纤维素、蛋白质、氨基酸、矿物质,以及氮、磷、钾等元素,具有较高的利用价值。

水生植物细胞壁主要由多糖类物质组成,包括纤维素、半纤维素和木质素。其中,木质素与纤维素和半纤维素以共价和非共价键的形式结合,以嵌合体的形式包围或黏合纤维素,形成了坚固的天然屏障。水生植物组织结构决定了其残体难以分解,水体中过量的水生植物若不能及时清理,残体腐烂会对水体造成污染。

3. 利用途径

水生植物残体作为一种生物质资源,有多种资源化利用方式,如生产肥料、饲料、燃料等。水生植物残体制备有机肥可有效增加土壤有机质含量,培肥地力;水生植物残体通过化学或生物转化可制备固、液、气等多种清洁燃料,开发潜力较大;有些水生植物纤维含量高且具有特殊香气,可作为编织物、造纸、调制香水等的原料;水生植物残体发酵处理生产的有机酸,可为污水处理补充碳源,提高污水处理系统和人工湿地脱氮效果;芦苇等水生植物可通过热解和活化技术制备生物质活性炭,作为去除水体中氨、磷等污染物的吸附剂。

知识链接 4——

挺水植物芦苇分布及其开发利用

芦苇是多年水生或湿生的高大禾草,根状茎十分发达,产量大,分布广,是重要的水生植物资源。据估算,我国芦苇年产量达到500万吨以上。北方是芦苇的重要产区,其中,黑龙江、辽宁、内蒙古、新疆和青海芦苇面积占全国苇区面积的3/4以上。芦苇如不能及时收割清理,会造成新的水体富营养化等污染风险。近年来,环保要求趋紧,芦苇造纸受到很大限制,芦苇的开发利用引起全社会广泛关注。

芦苇利用价值主要体现在以下三个方面:

(1) 生态价值。芦苇根茎四布,有固堤功能。芦苇吸收水中的磷,可以抑制蓝藻的生长。大面积的芦苇能够调节气候,涵养水源,所形成的良好湿地生态环境可为鸟类提供栖息、觅食、繁殖的家园。芦苇的叶、茎、状茎根均具有通气组织,有净化污水的作用。

(2) 饲料价值。芦苇生物量高,芦叶、芦花、芦茎、芦根、芦笋均可用于畜牧业,饲用价值较高。家畜喜食芦苇的嫩茎、叶,芦苇地可用作割草地或放牧与割草兼用,适宜马、牛大畜放牧。除放牧利用之外,芦苇还可晒制成干草或青贮。

(3) 原料价值。芦苇茎秆中纤维素含量较高,可以用于造纸和生产人造纤维。芦苇可用于编制"苇席"用作铺炕、盖房等。芦苇可以制作乐器,如由芦苇空茎加工而成的芦笛。芦苇穗可以制作扫帚,芦苇花的花絮可以用来填充枕头等。

1.5 废旧农业投入品

农业投入品是指在农业生产和农产品初加工过程中使用或添加的物资,主要包括生物投入品、化学投入品和农业设施设备等。常见的大宗农业投入品包括化肥、农药、农膜、种子、饲料、兽药、养殖垫料、农机具和种养设施等。废旧农膜、包装废弃物等存在随意弃置、掩埋或焚烧现象,对农业生态和农村环境造成了不利影响。健全农膜、化肥和农药包装、灌溉器材、农机具、渔网等废旧农用物资回收体系,建设区域性废旧农业投入品集中处置利用中心,有利于提高废旧农业投入品回收效率,降低利用成本。

1.5.1　废旧农膜

1. 什么是废旧农膜

废旧农膜指使用后报废的农膜。农膜，又称农用塑料薄膜，包括地膜（也叫农用地膜）、棚膜、食用菌包膜等。地膜即地面覆盖薄膜，通常是透明或黑色的聚乙烯（PE）薄膜，也有绿色、银色薄膜，用于地面覆盖以提高土壤温度，保持土壤水分，维持土壤结构，防止害虫侵袭作物和病原微生物引起的病害等，促进作物生长。随着设施农业与地膜覆盖技术的不断发展，农膜使用量不断增加，废旧农膜如不及时回收，会导致农田白色污染，严重影响农业绿色发展和乡村人居环境。

2. 废旧农膜危害

我国棚膜基本已实现100%回收利用，废旧地膜回收利用是当前治理面源污染的一大难题（图1-15）。地膜用后机械性能差，回收作业面复杂（作物秸秆密度大、微地形种类多），回收机具和技术无法满足生产需要，农民对地膜回收处理意愿不强，企业回收积极性也不高。

图1-15　地膜的使用与收储

残留田间的地膜存在多方面危害，主要表现为：①危害土壤环境，破坏土壤结构，影响土壤透气性和透水性，引起土壤盐碱化、微塑料等土壤污染；②影响农作物生长，造成农作物出苗困难、根系生长困难，导致作物减产；③飘落在田边地头、房前屋后、街头巷尾的废旧地膜，会造成“视觉污染”；④牛羊等误食秸秆残留农膜，影响饲草消化，还会危害牲畜食道健康，甚至引发死亡。

知识链接5——

微塑料及其环境污染风险

1. 微塑料的定义

微塑料（microplastics）指粒径很小的塑料颗粒或纺织纤维、薄膜等。现在学术界对于微塑料的尺寸尚无确切定义，通常认为是粒径小于 5mm 的塑料颗粒，很多微塑料可至微米级甚至纳米级。微塑料被称为海洋中的 PM2.5。

2. 微塑料的危害

关于微塑料污染风险的报道多见于海洋环境与海洋生物方面。废旧农膜等风化或降解后形成的微塑料对土壤造成的污染风险也应受到重视。

(1) 吸附污染物和微生物。微塑料在环境中扮演污染物迁移载体的角色，如重金属、有机污染物等。微塑料经过老化分解，会成为污染物、致病菌及有害微生物的运输载体，进而固定在土壤中，对土壤健康造成损害。

(2) 影响土壤生物多样性。塑料中含有的塑化剂会在降解过程中进入土壤，使土壤中微生物多样性下降，导致土壤与植物间的营养交换受阻，甚至会改变陆地生态系统功能。

(3) 改变土壤性质。土壤中塑料颗粒的增加会改变土壤物理性质，比如黏性降低，土壤孔隙度、疏水性增强等问题，导致土壤毒性增加，理化性质改变，营养流失加快。

(4) 危及土壤生物生存。蚯蚓作为生态毒理国际标准中推荐受试物种，相关研究表明，当土壤中微塑料浓度达到 60%时，蚯蚓的死亡率很高，生长率出现负值。

3. 农膜使用情况

2018 年，全国农膜年使用量约为 247 万吨，其中地膜年使用量超过 140 万吨。地膜覆盖具有增温保墒、防病抗虫和抑制杂草等功能，在我国北方地区已成为农业生产第一大应用技术。使用区域已从北方干旱、半干旱区域扩展到南方的高山、冷凉地区，覆盖作物种类也从经济作物扩大到大宗粮食作物。目前我国农膜使用主要集中在华北地区，占全国使用量的 60%左右，其中以京津冀鲁为主，山东最为集中。华中地区占比 10%左右，主要集中在河南。地膜在西北干旱、半干旱地区使用量大而集中。

4. 废旧农膜利用途径

近年来，全国各地大力推进废旧农膜机械化捡拾、专业化回收、资源化利用，建设了一批废旧农膜加收利用重点县，初步建立了废旧农膜回收网络体系，提高了废旧农膜回收利用和处置水平。近年来，全国废旧农膜回收率稳定在 80%以上。

目前，废旧农膜利用以生产再生塑料为主，在经济性方面面临巨大挑战。

废旧农膜经除杂、清洗、破碎、高温熔化等工序处理，可制作成再生塑料粉、塑料颗粒、滴灌带、水管、井盖、水篦子等产品，其中再生塑料粉、井盖为低端产品，对废旧农膜含杂等要求较低，而滴灌带和水管等高端农资产品，对废旧农膜纯度要求相对较高。

1.5.2 农药包装废弃物

1. 什么是农药包装废弃物

根据农业农村部、生态环境部联合颁布的《农药包装废弃物回收处理管理办法》，农药包装废弃物是指农药使用后被废弃的与农药直接接触或含有农药残余物的包装物，包括瓶、罐、桶、袋等。农药包装物使用的材料一般以玻璃、塑料、铝箔等为主。

2. 产生量估算

农药包装废弃物以瓶装和袋装为主，按照瓶包装物重量占产品毛重的10%～20%、袋包装物重量占产品毛重的3%～5%测算，全国种植业每年产生的农药包装废弃物达29亿～35亿个，其中废弃瓶13亿～16亿个、废弃袋16亿～19亿个，折合重量10万～11万吨。

3. 主要危害

农药包装废弃物属危险废物，农村地区散落在田间地头和村头巷尾的农药包装废弃物存在较大的环境污染风险（图1-16）。我国农药包装废弃物产生量大，使用分散，总体上看，其回收处置难度大、成本高。其主要危害有如下四点：

图1-16 丢弃的农药包装物及其回收点

（1）农药包装废弃物材料一般为玻璃或塑料，在自然环境中难以降解。其散落于田间、道路、水体等环境中，会造成严重的“视觉污染”；

（2）在土壤中形成阻隔层，影响植物根系的生长扩展，阻碍植株对土壤养分和水分的吸收，导致作物减产；

(3) 在耕作土层中的农药包装废弃物会影响农机具作业质量，进入水体则会造成沟渠堵塞；

(4) 农药包装物内存在农药残留，随意丢弃对土壤、地表水、地下水和农产品等会造成直接污染，若进入生物链或食物链，会对人类健康造成危害。

4. 回收模式

农药包装废弃物回收难、再利用价值低、处置成本高，市场主体一般没有自发回收处置意愿。由于环境污染风险大，目前多以政府补贴的方式推进农药包装废弃物回收处置，参与主体包括农药生产商、农药零售商、第三方回收商、政府和农民等。

农药包装废弃物回收一般采用“生产者/经营者责任延伸制”，典型的模式主要包括：①“政府—生产商—农民”模式，政府直接补贴农药生产企业，农药生产企业负责从农民手中回收使用过的农药包装废弃物；②“政府—零售商—农民”模式，政府直接补贴零售商，零售商负责直接从农民手中回收农药包装废弃物；③“政府—第三方回收机构—农民”模式，政府直接补贴第三方回收机构(农民专业合作社、农业企业等)，第三方回收机构负责从农民手中回收农药包装废弃物；④“镇—村—回收员”模式，行政村聘请专职或兼职回收员进行回收，集中后交镇集中收集点，根据回收量支付报酬；⑤“镇—环卫站(或保洁公司)—加收员”模式，乡镇(街道)将辖区内农药包装废弃物收集工作承包给专业公司，专业公司负责辖区内农药包装废弃物的回收和分类等。

1.5.3 肥料包装废弃物

1. 什么是肥料包装废弃物

肥料包装废弃物指肥料使用后，被废弃的与肥料直接接触或含有肥料残余物的包装物，包括袋、瓶、罐、桶等多种形式(图 1-17)。肥料是重要的农业生产资料，对保障国家粮食安全和农产品有效供给具有重要作用。中华人民共和国成立以来，我国肥料产业快速发展，成为肥料生产和消费大国。但在肥料使用过程中，部分肥料包装存在使用后被随意弃置、掩埋或焚烧的情况，对农业生产和农村生态环境产生不利影响。

2. 肥料包装废弃物危害

近年来，我国农用氮磷钾化肥年产量为 6000 万吨左右，其中，华东和华中

图 1-17　肥料包装废弃物

地区使用最为集中，占全国化肥施用量的 45%左右，是化肥包装废弃物产生最集中的区域。固体化肥用包装物一般为塑料编织袋或复合塑料编织袋，其内袋为软聚氢乙烯薄膜。化肥包装物一般具有质量轻、强度高、耐腐蚀等特点，随意丢弃一般不易降解，存在较大环境污染风险。

3. 肥料包装废弃物回收利用

肥料包装废弃物回收利用应按照“谁生产、谁回收，谁销售、谁回收，谁使用、谁回收”的原则，落实生产者、销售者、使用者履行回收义务。对于具有再利用价值的肥料包装废弃物，应积极引导化肥生产企业从经销商或第三方回收机构回收再利用，经销商可通过包装物与肥料置换方式从农户或合作社回收肥料包装废弃物。

《农业农村部办公厅关于肥料包装废弃物回收处理的指导意见》(农办农〔2020〕3 号)指出，对于具有再利用价值的肥料包装废弃物，发挥市场作用，建立使用者收集、市场主体回收、企业循环利用的回收机制。对于无再利用价值的肥料包装废弃物，由使用者定期归集并交回村庄垃圾收集房(点、站)，实行定点堆放、分类回收。有条件的地方，可将无再利用价值的肥料包装废弃物纳入农药包装废弃物回收处理体系。

1.5.4　废旧农机

1. 什么是废旧农机

废旧农机指达到一定使用年限或者安全隐患大、故障发生率高、损毁严重、维修成本和耗能高、污染重、安全性能低的老旧农机的统称(图 1-18)。农机又称农业机械，指在作物种植、畜禽养殖，以及农、畜产品初加工和处理过程中所使用的各类机械，主要包括农用动力机械、农田建设机械、土壤耕作机械、种植和施肥机械、植物保护机械、农田排灌机械、作物收获机械、农产品加工机械、渔业机械、畜牧业机械和农业运输机械等。

图 1-18 废旧农机

2. 处理利用方式

废旧农机一般以金属、塑料、橡胶或电子元器件为主，具有一定的回收利用价值。目前，废旧农机主要有以下三种回收处理利用途径：①农民将其作为一般废品卖给废品回收人员，然后进入废品市场；②无法有效利用且具有较大环境风险的部分，如废油、废液、废旧电池等，由政府统一收集、闭环处理；③符合报废更新补贴条件的废旧大型农机，农民领取补贴后将其送至专业拆解企业，进行资源化利用和无害化处理。

3. 保障措施

在推进废旧农机专业化回收和资源化利用方面，有以下工作要点：①出台农业机械报废政策，明确农机具报废标准；②明确废旧农机拆解企业资质要求，落实准入制度；③加大政策宣传和政策支持力度，加快淘汰耗能高、污染重、安全性能低的老旧农机具，加快推广先进适用、节能环保、安全可靠的农业机具。

1.5.5 养殖医疗废物

1. 什么是养殖医疗废物

养殖医疗废物指畜禽养殖过程中产业的各类感染性、损伤性、病理性、化学性和药物性等的医疗废物，属危险废物，包括棉球、棉签、纱布、病原体培养基、疫苗残留物、医用针头、手术刀、缝合针、动物器官，以及过期、淘汰、变质或者被污染的废弃药品等。

2. 主要危害

养殖医疗废物在动物疫病传播、环境污染和人体健康等方面均存在重大风险，总体上可分为三类危害：①物理性危害。主要指来自锐利的物品的危害，如碎玻璃、注射器、一次性手术刀和刀片等，不仅会造成划伤性伤害，还可能因防护屏障受损，导致各类病菌进入人体或动物机体。②化学性危害。指医疗废物中的化学物品造成的危害，包括反应性和毒性。③微生物性危害。是医疗废物最主要的危害，主要来源于被病菌污染的医疗废物。

3. 处理方式

处理养殖医疗废物的技术措施主要包括：①灭菌消毒法。灭菌消毒处理方法较多，可采取高温高压蒸汽灭菌法、化学消毒法、微波消毒法等，破坏微生物及病毒的生存环境，降低医疗废物对动物健康及环境的危害；②高温焚烧法。适用于各种传染性医疗垃圾，是目前医疗垃圾处理领域的主流技术；③填埋法。将医疗废物填埋到坑里，进行底部防渗处理和上部密封处理，然后用土进行覆盖，该方法处理成本较低，但容易造成二次污染。

1.6 农产品产地初加工剩余物

农产品产地初加工剩余物指农产品产地初加工过程中产生的各类废物，如花生、玉米脱壳、脱粒后的花生壳、玉米芯，板栗脱苞产生的栗苞，甘蔗、甜菜压榨制糖时产生的甘蔗渣、甜菜渣等。农产品产地初加工主要包括农产品产后净化、分类分级、干燥、预冷、储藏、保鲜、包装等，是连接农产品生产与农产品流通及精深加工的纽带，是现代农业产业链的重要组成部分。与种植业和养殖业相比，农产品产地初加工业分布相对集中，显著降低了农产品产地初加工剩余物收集、处置或利用难度。

1.6.1 稻壳

1. 什么是稻壳

稻壳是稻谷外面的一层壳，占稻谷质量的20%左右。据测算，全国稻壳年产量超过4000万吨，是我国最普遍的农产品加工剩余物之一。稻壳在垫料、燃料、材料等多个方面均具有较高的利用价值。

2. 基本特征

稻壳由内颖及较大的外颖组成。稻壳长5～10mm、厚23～30μm，表面呈稻黄色、金黄色、黄褐色或棕红色等。稻壳堆积密度约为120kg/m^3，含有纤维素、半纤维素、木质素、硅化合物、粗蛋白和粗脂肪等，与其他生物质相比，硅含量相对较高。

3. 主要利用途径

通过物理处理，稻壳可加工生物质成型燃料、饲料、养殖垫料、有机肥、稻壳高密度聚乙烯复合材料和稻壳水泥混凝土等；经过化学处理，可制备活性炭、提取二氧化硅、生产水玻璃、制备油脂精炼脱色剂等(图 1-19)。

图 1-19 稻壳与稻壳炭

(1) 燃料。稻壳热值一般在 16MJ/m^3 左右，具有较好的能源化利用价值。由于稻壳堆积密度小且易散落，为减少运输成本、降低散落风险，一般将其挤压成型加工成颗粒或块状燃料后，再进行远距离运输和市场销售。

(2) 垫料。畜禽饲养铺设发酵床，有利于功能菌群生长，促进畜禽粪、尿的降解转化，改善养殖环境。稻壳作为发酵床垫料，具有组分单一、质量稳定的优势，且透气性和吸附性较好。稻壳作为垫料可以单独使用，也可与锯末混合使用。

(3) 材料。将稻壳等粉碎成粉末状或纤维状，添加到高密度聚乙烯、聚丙烯等热塑性塑料中，再通过挤出、热压、注塑等工艺制备的高密度聚乙烯复合材料，是一种用途广泛的新型生物基复合材料产品。

(4) 饲料。稻壳中含有一定量的粗蛋白、粗脂肪、纤维素等营养成分，但因其表面存在木质素层，直接饲用不易消化。将粉碎后的稻壳(粒径＜1.2mm)与清糠、油糠等按一定比例混合，可显著提高消化率。此外，可采用膨化、发酵或化学处理等方法生产稻壳饲料。

1.6.2 花生壳

1. 什么是花生壳

花生壳即花生脱皮后的果壳，占花生总重量的 30%左右。据测算，全国花生壳年产量约为 540 万吨。全国各地均有花生种植，其中，河南、山东、辽宁、广东、河北、江苏、福建等地种植面积较大。花生壳在基料、饲料、原料等多个方面均具有较高的利用价值（图 1-20）。

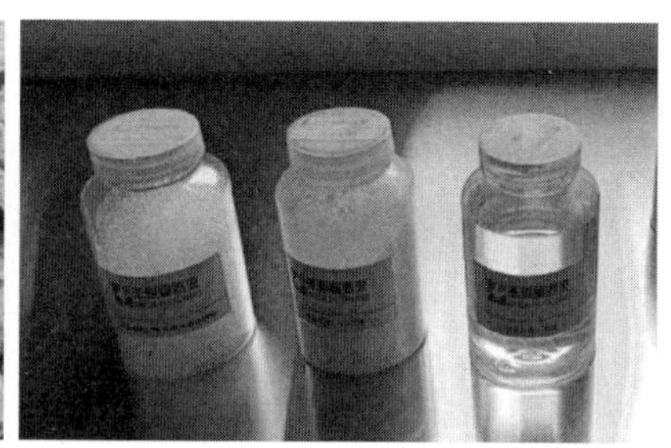

图 1-20 花生壳及其制备的高值化学品

2. 基本特征

花生壳颜色多为黄白色，也有黄褐色、褐色或黄色的，与其品种及土质有关。花生壳的主要成分是粗纤维，含量达到 65%～80%，其他营养成分含量也较丰富，如粗蛋白、粗脂肪、可溶性碳水化合物（其中包括单糖、双糖和低聚糖）、淀粉、还原糖、戊糖等。花生壳中还含有药用成分，如木犀草素、胡萝卜素、皂草苷等。

3. 主要利用途径

（1）基料。花生壳基质含有丰富的氮、磷、钾和微量元素，偏酸性，各项性能指标优良。花生壳、牛粪和蛭石混配制成的育苗基质，可用于番茄、辣椒、西葫芦等蔬菜育苗。以花生壳粉为主要原料，配以麦皮、玉米粉、磷肥、石膏粉等可制成食用菌栽培基质。

（2）饲料。花生壳，尤其是经微生物发酵处理后的花生壳具有较好的饲用价值。在全价配方饲料中添加发酵花生壳粉可用于饲喂家兔等，在基础日粮中适量添加超微粉碎花生壳或发酵花生壳，可以饲喂育肥猪。

（3）土壤调理剂。在田闲期用石灰氮、花生壳高温闷棚有助于修复农业设施退化土壤、改良土壤理化性状、有效防止根结线虫及其他土传病害、显著提高土壤 pH 值，对防治土壤酸化、提高作物产量与品质均有一定作用。

（4）低聚木糖。低聚木糖又称木寡糖，是由 2～7 个木糖分子以 β-1,4 糖苷键结合而成的功能性聚合糖，能够选择性地促进肠道双歧杆菌的增殖活性。用花生壳、玉米芯等原料生产低聚木糖的方法包括酸水解法、碱水解法和酶水解法等。

(5) 酱油。将精选后的花生壳洗净、磨粉,再进行温水润湿和锅蒸,辅以其他蛋白质和淀粉类原料,通过制坯、发酵、熬制等工序即可制成酱油。

1.6.3 玉米芯

1. 什么是玉米芯

玉米芯又称玉米轴,是玉米果穗脱粒后的穗轴。作为玉米初加工过程中的副产物,一般占玉米总质量的20%~30%。据测算,全国玉米芯年产量为6700万吨左右,其中,东北和华北地区占全国产生量的2/3以上,黑龙江、吉林、山东、河北、河南5省产出最为集中。玉米芯在原料化高值利用方面表现出较高的价值。

2. 基本特征

玉米芯富含粗蛋白质、粗纤维、粗脂肪、矿物质等,具有吸水性强、组织均匀、韧性好、硬度适宜和耐磨性好等优点,是一种可回收利用的资源。玉米芯可用于生产木糖醇、木糖、糠醛、低聚木糖、葡萄糖、饴糖、黏合剂、乳酸和纳米粒子等高附加值产品,也可用作兽药载体、饲料预混料载体等(图1-21)。

图1-21 玉米芯及其制备的混合糖

3. 主要利用途径

(1) 糠醛。在化工领域,糠醛用途十分广泛,常用于胶黏剂和防腐蚀涂料。玉米芯中多缩戊糖含量超过30%。多缩戊糖在一定温度和稀硫酸作用下可分解成戊糖,戊糖脱水后即可得到一种清亮的淡黄色液体——糠醛。糠醛蒸气具有强烈的刺激性和麻醉性。

(2) 餐具。玉米芯含有丰富的纤维素、木质素等,具有较好的压缩致密性且易于降解。以玉米芯粉为主原料,辅以淀粉、壳聚糖、黄原胶、聚乙烯醇等胶黏剂,在一定温度下熔融后,通过成型和后处理工艺可制备各种环保餐具。

（3）活性炭。活性炭是具有发达的孔隙结构、较大的比表面积和丰富的表面化学基团，特异性吸附能力较强的碳材料的统称，一般由木质、煤质或石油焦等含碳原料经热解、活化加工制备而成。玉米芯可用于生产制备较高品质活性炭。

（4）饲料。晒干、粉碎后玉米芯与其他饲料混配，可直接饲喂家畜。也可将其粉碎，然后采用温水浸泡或开水煮熟法软化处理，提高饲料的适口性，改善消化吸收利用率。

1.6.4　栗苞

1. 什么是栗苞

栗苞即栗刺壳，是板栗外表生长的尖锐被毛的刺，属果壳类农业固体废物。板栗口感上乘、营养丰富，并且有保健功能，素有“干果之王”“木本粮食”“铁杆庄稼”之称。我国板栗年产量超过220万吨，其中，湖北、河北、山东是板栗主产区，占全国总产量的一半以上。据测算，全国栗苞年产量达到100万吨左右。

2. 利用价值

栲胶是由富含单宁的植物原料经水浸提和浓缩等工艺加工制取的化工产品，可广泛应用于制革、染料、塑料、日用化学品、地质钻探、有机化工等行业。栗苞富含单宁，可用于提取栲胶。另外，栗苞也有较好的能源化利用价值。

3. 主要利用途径

（1）栲胶。栲胶中的单宁是一种具有多元酚羟基的有机化合物，易溶于水、乙醇、丙酮等溶剂中，略带酸性，具有涩味。用栗苞生产栲胶主要包括前期处理、原料浸提、单宁纯化和脱色等工艺。

（2）栗苞炭。栗苞木质素含量较高，具有较好的能源化利用价值，采用低温慢速热解技术加工而成栗苞炭，可直接作为能源使用，也可进一步通过活化工艺制备活性炭。

1.6.5　甘蔗渣

1. 什么是甘蔗渣

甘蔗渣是甘蔗经榨汁（糖）后剩余的固体残渣，是甘蔗制糖初加工副产物。制糖过程中甘蔗产率约占甘蔗总重的1/5。据测算，全国甘蔗渣年产量达到

2000 万吨以上。甘蔗是温带和热带农作物，在广西种植最为集中，占全国总产量的 2/3 以上，其次为云南、广东。甘蔗是制造蔗糖的原材料，也可用于炼制乙醇。

2. 基本特征

甘蔗渣中富含黄酮、多酚、苷类和有机酸等活性成分，具有抑菌、抗氧化、抗应激等重要生理功能。甘蔗渣养分含量与品种、产地和收获时间均有关。

3. 主要利用途径

（1）草浆。甘蔗渣制浆包括化学（碱法和亚硫酸盐法）、机械、化学机械、化学热磨机械等方法，目前仍以碱法为主。甘蔗渣浆可用于生产生活用纸和新闻纸，也可模压生产一次性环保餐具，具有强度大、耐油、耐热水、无毒、无味、无污染、可生物降解等优点。

（2）人造板材。甘蔗渣密度小、纤维质量好，是生产人造板材的优质原料。用甘蔗渣生产的板材重量轻、强度高、不易受生物侵害，还有吸水率低、防火性能好等优点，适用于家具、建筑、车厢、包装箱等的制作。

（3）活性炭。甘蔗渣碳元素含量高，是产业化制备活性炭的优质原料。一般用 $ZnCl_2$、强酸等作为活化剂制备甘蔗渣活性炭。甘蔗渣活性炭可用于脱除城市垃圾渗滤液中的腐殖酸，吸附废水中的重金属、硝酸盐和磷等。

（4）生物多元醇。甘蔗渣含有大量的木质素、纤维素等多羟基成分，在供氢溶剂和无机强酸的催化作用下，可液化为具有高反应活性、分子量分布适中的生物多元醇，用于替代石化基聚醚多元醇或合成聚氨酯类高分子材料。

农业固废“无废”建设背景

2.1 农业固废“无废”建设意义

农业固废是固体废物的重要组成部分，我国农业固废具有量大面广、类型多样的特点。当前，部分地区农业面源污染严重，农业固体废物污染防治短板依然突出，给农村人居环境提升和农业高质量发展造成较大压力。加快推进农业固废安全处置和循环利用，是贯彻习近平生态文明思想、践行绿色发展理念的重要内容，是协同推进农业农村高质量发展和生态环境高水平保护的重要途径，对于全面推进乡村振兴、加快农业农村现代化具有重要意义。

2.1.1 践行绿色发展理念——“无废农业”的指引

习近平生态文明思想是习近平新时代中国特色社会主义思想的重要组成部分，是新时代生态文明建设的根本遵循和行动指南，具体体现为以人为本、人与自然和谐为核心的生态理念和以绿色为导向的生态发展观。生态文明建设是“五位一体”总体布局的重要内容，是实现美丽中国和农业绿色可持续发展的必然要求。

农业绿色发展就是要以绿色发展为导向，以体制改革和技术创新为动力，走出一条产出高效、产品安全、资源节约、环境友好的农业现代化道路。以农业绿色发展为指引，推进农业固体废物安全处置和循环利用，具有以下三方面的重要意义。

（1）减小环境污染：农业绿色发展的基本要求。农业固体废物来源多、分布广，部分农业固体废物处理不当，存在重大安全隐患，要因地制宜、分类施策，最大限度减小露天焚烧、随意堆放、无序处理等对环境的负面影响。

（2）提高发展质量：农业绿色发展的重要任务。要落实“藏粮于地，藏粮于技”、黑土地保护重大战略，按照农用优先、多元利用的原则，协调推进农业固体废物肥料化、饲料化等利用，着力提升耕地质量，增强农业可持续发展能力。

(3) 增加综合效益：农业绿色发展的根本目标。通过农业固体废物的资源化利用，输出更多优质高值农产品和农业生态产品，提高农业质量效益。

2.1.2 推进乡村振兴战略——“无废农业”的动能

全面建成小康社会和全面建设社会主义现代化国家，最艰巨最繁重的任务在农村，最广泛最深厚的基础在农村，最大的潜力和后劲也在农村。实施乡村振兴战略是解决新时代我国社会主要矛盾、实现“两个一百年”奋斗目标和中华民族伟大复兴的中国梦的必然要求，具有重大现实意义和深远历史意义。习近平总书记在党的十九大报告中首次提出乡村振兴战略，指出农业农村农民问题是关系国计民生的根本性问题，必须始终把解决好“三农”问题作为全党工作的重中之重，实施乡村振兴战略。农业是立国之本，强国之基。中国要强，农业必须强，习近平总书记在党的二十大报告中也明确提出，全面推进乡村振兴，加快建设农业强国。

2018 年 9 月，中共中央、国务院印发的《乡村振兴战略规划(2018—2022年)》提出，建设美丽宜居乡村，推进农业清洁生产，建立农村有机废弃物收集、转化、利用网络体系，推进农林产品加工剩余物资源化利用。2021 年中央一号文件《中共中央国务院关于全面推进乡村振兴加快农业农村现代化的意见》提出，全面推进农业绿色发展，加强畜禽粪污资源化利用，全面实施秸秆综合利用和农膜、农药包装物回收行动。2021 年 2 月，国家乡村振兴局正式挂牌成立，同年 6 月颁布实施《中华人民共和国乡村振兴促进法》，其中明确提出，推动种养结合、农业资源综合开发，优先发展生态循环农业。

改善农村人居环境是实施乡村振兴战略的重点任务，事关广大农民根本福祉，事关农民群众健康，事关美丽中国建设。中共中央办公厅、国务院办公厅印发的《农村人居环境整治提升五年行动方案(2021—2025 年)》明确提出，协同推进农村有机生活垃圾、厕所粪污、农业生产有机废弃物资源化处理利用，以乡镇或行政村为单位建设一批区域农村有机废弃物综合处置利用设施，探索就地就近就农处理和资源化利用的路径。农业固体废物资源化循环利用是宜居乡村建设的重要内容，乡村振兴战略的全面实施吹响了农业农村加快发展的集结号，为农业固体废物高效利用赋予了新动能。

2.1.3 落实“双碳”行动方案——“无废农业”的灯塔

2020 年 9 月，习近平总书记在第七十五届联合国大会一般性辩论上向全世界郑重宣布：“中国将提高国家自主贡献力度，采取更加有力的政策和措施，二氧化碳排放力争于 2030 年前达到峰值，努力争取 2060 年前实现碳中和”。实现碳达峰、碳中和，是以习近平同志为核心的党中央统筹国内国际两个大局作出的重大战略决策，是着力解决资源环境约束突出问题、实现中华民族永续发展的必然选择，是构建人类命运共同体的庄严承诺。《中华人民共和国国民经济和社会发展第十四个五年规划和2035年远景目标纲要》强调，全面提高资源利用效率，落实2030年应对气候变化国家自主贡献目标，锚定努力争取2060年前实现碳中和。国务院印发的《关于加快建立健全绿色低碳循环发展经济体系的指导意见》提出，建立健全绿色低碳循环发展的经济体系，确保实现碳达峰、碳中和。

2021年3月，习近平总书记在中央财经委员会第九次会议上强调，把“碳达峰、碳中和”纳入生态文明建设整体布局。2021年10月，中共中央办公厅、国务院办公厅印发了《中共中央国务院关于完整准确全面贯彻新发展理念做好碳达峰碳中和工作的意见》，提出加快推进农业绿色发展，促进农业固碳增效，提升生态农业碳汇。同月，国务院印发了《2030年前碳达峰行动方案》，明确提出大力发展绿色低碳循环农业，实施化肥农药减量替代计划，加强农作物秸秆综合利用和畜禽粪污资源化利用。

2022年5月，农业农村部与国家发展和改革委员会(简称“国家发改委”)联合印发了《农业农村减排固碳实施方案》，明确提出加快构建支撑绿色生态种养、废弃物资源化利用、可再生能源开发、生态系统碳汇提升等技术体系，协同推进温室气体减排、耕地质量提升、农业面源污染防治、生态循环农业建设，提升农业对气候变化韧性，提高农业农村绿色低碳发展水平。推进农业固体废物肥料化、饲料化、能源化、基料化和原料化等高效循环利用，对于节约和替代原生资源、减少碳排放、增加土壤固碳等具有显著的协同效应，是推进农业减排固碳的重要抓手，是落实我国“双碳”目标的重要任务。

知识链接6——

农业领域碳排放与减排固碳措施

农业领域碳排放包括农机具运行所需化石能源消耗形成的直接二氧化碳排放，以及农业生产过程中产生的甲烷和氧化亚氮等温室气体直接排放，即动物肠道甲烷排放、动物粪便管理甲烷排放、动物粪便管理氧化亚氮排放、稻田甲烷排放、农田氧化亚氮排放等。推进农业领域减排固碳，主要包括四个方面的重点任务。

(1) 推进农业温室气体减排。通过种养结合构建农业田间废弃物循环利用模式，开展稻田甲烷减排、肥料农药减量增效、畜禽养殖甲烷减排等行动，推进绿色生态循环农业发展，促进稻田甲烷、种养殖氧化亚氮等温室气体减排。

(2) 推动农业固碳增汇。推动耕地、草地、林地、养殖水域等种养殖资源及空间结构优化,开展秸秆还田固碳、牧草草地改良固碳、渔业综合养殖碳汇等行动,推进土壤有机质提高和海洋"蓝碳"沉积,加速提升土壤和海洋碳汇能力。

(3) 推行农业可再生能源替代。大力发展秸秆、果树剪枝等农林废弃物能源化利用,探索生物质能与太阳能、风能等清洁能源多能互补技术模式,开展废弃物能源化利用、农村沼气综合利用、太阳能热利用、农机绿色节能改造等行动,优化农业能源结构。

(4) 加强农业减排固碳支撑能力建设。搭建农业领域减排固碳科技创新平台,培养优秀科技人才与创新团队,通过建立长期监测站点,构筑减排固碳监测核算体系,开展科技创新支撑、监测评估体系建设等行动,加强农业领域减排固碳基础支撑能力建设。

落实"双碳"行动,农业减排固碳既是重要举措,也是潜力所在。以推动农业高质量发展为主线,以全面推进乡村振兴和加快推进农业现代化为引领,实施农业减排固碳系列重大行动,建立完善的温室气体监测评价和全要素保障机制,加快形成产出高效、产品安全、资源节约、环境友好的现代农业发展格局,在保障粮食安全和重要农产品有效供给的前提下,为我国碳达峰、碳中和目标实现做出积极贡献。

2.1.4 助力农业高质量发展——"无废农业"的愿景

在习近平新时代中国特色社会主义思想科学指引下,我国经济加快从速度规模型向质量效益型转变,在城镇化和区域协调发展、高质量发展、体制机制建设等方面取得显著进展,为我国发展培育了新动力、拓展了新空间,有力推动我国发展朝着更高质量、更有效率、更加公平、更可持续、更为安全的方向前进。

2020 年 10 月,党的十九届五中全会提出,"十四五"时期经济社会发展要以推动高质量发展为主题,这是根据我国发展阶段、发展环境、发展条件变化做出的科学判断。以习近平新时代中国特色社会主义思想为指导,坚定不移贯彻新发展理念,以深化供给侧结构性改革为主线,坚持质量第一、效益优先,切实转变发展方式,推动质量变革、效率变革、动力变革。党的二十大报告指出,高质量发展是全面建设社会主义现代化国家的首要任务。

农业高质量发展是新发展阶段的基础支撑,只有不断提高农业发展质量和效益,才能为实现农业现代化和整个现代化筑牢根基。农业高质量发展是新发展阶段的突出任务,农业是"四化同步"的短板,农业发展基础还比较薄弱,发展水平还相对滞后,推进农业高质量发展必须加快补齐短板、补强弱项,这是新发展阶段的突出任务和重大课题。

以绿色发展为引领,实现农业高质量发展,首先是减污,即农业生产过程的清洁化。通过使用绿色生产技术和物资，减少化学投入品，节约高效利用自然资源，资源化利用农业废弃物，实现增产不增污、增产不增碳。其次是提质，实现产地绿色化和产品优质化。水质、土壤、空气等产地环境要素质量明显提高，生态系统得到改善，农产品质量也随之大幅提升，通过完善市场、倡导绿色消费，绿色、优质的农产品在市场中将得到市场溢价。最后是增效，让绿色成为驱动发展的内生动力。随着生态环境的持续改善，收入水平的不断提高，农业农村的多功能性逐步凸显，成为满足人们对美好生活向往的重要载体。开展农业固体废物资源化高效利用，就是要以质量兴农战略为根本目标，助力推进农业绿色化、优质化、特色化、品牌化，实现农业高质量发展。

2.2　农业固废与“无废城市”建设

2.2.1　“无废城市”动员令

开展“无废城市”建设是从城市整体层面深化固体废物综合管理改革和推动“无废社会”建设的有力抓手，是提升生态文明、建设美丽中国的重要举措。2018 年 12 月，国务院办公厅印发了《“无废城市”建设试点工作方案》（国办发〔2018〕128 号），明确提出在试点城市推行农业绿色生产，促进畜禽粪污、农作物秸秆、废旧农膜、农药包装废弃物等主要农业固体废物全量利用。

2019 年 4 月，生态环境部会同相关部门共同筛选确定了“11＋5”个城市和地区作为首批全国“无废城市”试点，旨在探索可复制、可推广的“无废城市”建设模式。“无废城市”建设以“创新、协调、绿色、开放、共享”新发展理念为引领，通过推动形成绿色发展方式和生活方式，持续推进固体废物源头减量和资源化利用，将固体废物的环境影响降至最低。“无废城市”建设通过统筹工业、农业、建筑和生活各领域固废治理，将固体废物减量化、资源化、无害化需求融入社会治理、产业布局、产业结构升级、公共意识提高和思想文化建设的各个方面，打造区域环境治理样板。

2021 年 12 月，生态环境部会同相关部门印发的《“十四五”时期“无废城市”建设工作方案》提出，深入贯彻习近平生态文明思想，立足新发展阶段、贯彻新发展理念、构建新发展格局、实现高质量发展，统筹城市发展与固体废物管理，强化制度、技术、市场、监管等保障体系建设，大力推进减量化、资源化、无害化，发挥减污降碳协同效应，提升城市精细化管理水平，推动城市全面绿色转型，为深入打好污染防治攻坚战、推动实现碳达峰碳中和、建设美丽中国做出贡献。

2.2.2　“无废农业”重点任务

《“无废城市”建设试点工作方案》在主要任务中明确提出，推行农业绿色生产,促进主要农业废弃物全量利用。以规模养殖场为重点,以建立种养循环发展机制为核心,逐步实现畜禽粪污就近就地综合利用。在肉牛、羊和家禽等养殖场鼓励采用固体粪便堆肥或建立集中处置中心生产有机肥,在生猪和奶牛等养殖场推广快速低排放的固体粪便堆肥技术、粪便垫料回用和水肥一体化施用技术,加强二次污染管控。

坚持因地制宜、农用优先、就地就近原则,推动区域农作物秸秆全量利用。以秸秆就地还田,生产秸秆有机肥、优质粗饲料产品、成型燃料、沼气或生物天然气、食用菌基料和育秧、育苗基料,生产秸秆板材和墙体材料为主要技术路线,建立肥料化、饲料化、燃料化、基料化、原料化等多途径利用模式。

以回收、处理等环节为重点,提升废旧农膜及农药包装废弃物再利用水平。建立政府引导、企业主体、农户参与的回收利用体系。推广一膜多用、行间覆盖等技术,减少地膜使用。有条件的城市,将地膜回收作为生产全程机械化的必要环节,全面推进机械化回收。按照"谁购买谁交回、谁销售谁收集"原则,探索建立农药包装废弃物回收奖励或使用者押金返还等制度,对农药包装废弃物实施无害化处理。

《"十四五"时期"无废城市"建设工作方案》进一步明确提出,促进农业农村绿色低碳发展,提升主要农业固体废物综合利用水平。发展生态种植、生态养殖,建立农业循环经济发展模式,促进农业固体废物综合利用。鼓励和引导农民采用增施有机肥、秸秆还田、种植绿肥等技术,持续减少化肥农药使用比例。加大畜禽粪污和秸秆资源化利用先进技术和新型市场模式的集成推广,推动形成长效运行机制。探索推动农膜、农药包装等生产者责任延伸制度,着力构建回收体系。以龙头企业带动工农复合型产业发展,统筹农业固体废物能源化利用和农村清洁能源供应,推动农村发展生物质能。

2.2.3 "无废农业"保障措施

加强制度、技术、市场和监管体系建设,全面提升"无废城市"建设保障能力。农业绿色发展、"双碳"目标和乡村振兴等行动和战略为农业固体废物资源化利用带来重大利好,但由于农业固体废物类型多样、来源广泛、收储和转运成本高等,实现全量化高效利用仍面临重大挑战(图 2-1)。产业健康快速发展需要保驾护航的"三驾马车"。

(1) 构建协调联动机制。农业固体废物资源化利用包括肥料化、饲料化、能源化、基料化和原料化等多种路径,产业发展关联到农业农村、生态环境、发改、能源、交通运输、自然资源、科技等多部门。农业固体废物"用之则利、弃之为害",作为具有重要环保属性和社会价值的弱势产业,其发展尤其依赖政府政策配套和公共服务,因此,产业化需进一步筑牢多部门信息共享、分工协作、协调

环境与社会效益

废弃物利用有利于生态环境改善

促进社会就业

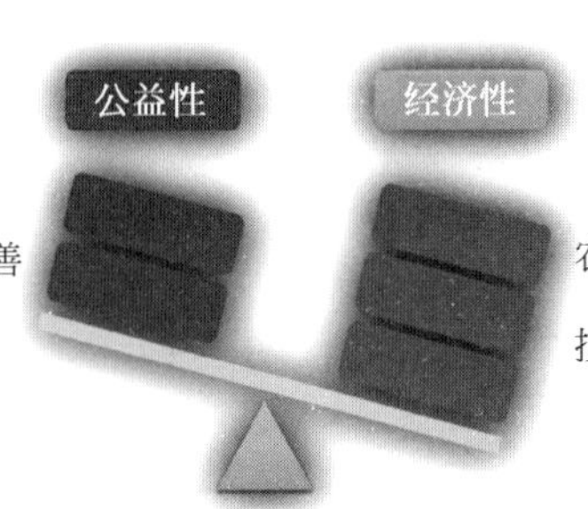

经济效益

农业废弃物利用成本普遍高

技术经济性差(原料低价值)

与化石原料无比较优势

图 2-1　农业固体废物资源化利用政策支撑意义

联动工作机制。建立健全农业固体废物环境管理制度体系,建立部门责任清单,进一步明确各类农业固体废物产生、收集、贮存、运输、利用、处置等环节的部门职责边界。深化农业固体废物分级分类管理、生产者责任延伸、跨区域处置生态补偿等制度创新,提升综合管理效能。

(2) 强化科技支撑能力。“科学技术是第一生产力”,技术创新是农业固体废物资源化利用的根本支撑,农业固体废物产业化发展短期需政策,长期靠技术。技术创新是提高农业固体废物产业化发展的不二选择,尤其是实现农业固体废物高值利用,提高终端产品比较优势和市场竞争力,更离不开核心技术的有力支撑,技术经济性提升需要科技工作者苦心钻研,久久为功。加快农业固体废物源头减量、资源化利用和无害化处置技术推广应用,要在绿色低碳技术攻关的基础上,加强农业固体废物利用处置技术模式创新,探索农业废气、废水、固体废物一体化协同治理解决方案。积极推动农业固体废物相关标准制定,完善农业固体废物污染控制技术标准与资源化产品标准,推动上下游产业间标准衔接。

(3) 激发市场主体活力。2021 年,李克强总理在国家市场监督管理总局考察时强调,市场化改革成果很重要的是市场主体发展壮大,要保障市场主体生得下、长得大、活得好。推进农业固体废物资源化利用,首先任务是培育市场主体,全面构建产业生态。市场主体是构成现代市场经济的微观基础,主体兴则产业兴,主体强则产业强。农业固废资源化利用要坚持市场主导、政府引导,充分发挥市场主体推进产业发展的基础作用。优化市场营商环境,鼓励各类市场主体参与“无废农业”建设工作。落实有利于农业固体废物资源化利用和无害化处置的税收、价格、收费政策。按照合理盈利原则,探索建立以乡镇、村、企业或经纪人为主体的农业固体废物收集储存体系。鼓励金融机构加大对“无废农业”建设的金融支持力度,提升县级以上人民政府对农业固体废物资源化利用产品的采购支持力度。

2.3 农业固废有关法规政策

2.3.1 农业固体废物处理利用综合性法规政策

经过多年努力，在农业固体废物污染防治和综合利用等方面，我国已基本形成了较完善的法规与政策体系，其中综合性法规政策见表 2-1。

表 2-1 综合性法规政策体系

代表性法规/政策	发布部门与年份	核心内容
《中华人民共和国农业法》	2012 版	①秸秆和养殖粪便、废水应综合利用或无害化处理；②保证畜禽粪便、废水及其他固体废弃物综合利用或者无害化处理；③病死动物尸体应当按照国务院兽医主管部门的规定进行无害化处理；④农业固体废物的单位和个人，应当采取回收利用等措施；⑤支持畜禽粪便处理、利用设施的建设；⑥禁止露天焚烧秸秆、落叶等产生烟尘污染的物质；⑦保证畜禽粪便、废水的综合利用或者无害化处理设施正常运转；⑧完善秸秆和畜禽粪污等资源化利用和废旧地膜和包装废弃物等回收处理制度；⑨扎实推进农业绿色发展重大行动，开展地膜生产者责任延伸制度试点；⑩推行农业绿色生产，促进主要农业废弃物全量利用；⑪东北地区加强秸秆禁烧管控和采暖燃煤污染治理，加强种养结合，整县推进畜禽粪污资源化利用；⑫提出“三基本”，即畜禽粪便、农作物秸秆、农膜基本资源化利用；⑬提出畜禽粪污资源化利用行动、东北地区秸秆处理行动和农膜回收行动；⑭加强畜禽粪污资源化利用和秸秆、农膜废弃物资源化利用；⑮打好农业农村污染治理攻坚战；⑯大力推进秸秆综合利用，推动秸秆综合利用产业提质增效；⑰开展化肥农药减量增效、农膜回收利用、养殖污染防治等；⑱协同推进种植业、畜牧业、渔业节能减排与污染治理
《中华人民共和国畜牧法》	2015 版	
《中华人民共和国动物防疫法》	2015 版	
《中华人民共和国固体废物污染环境防治法》	2020 版	
《中华人民共和国土壤污染防治法》	2020 版	
《中华人民共和国大气污染防治法》	2018 版	
《中华人民共和国水污染防治法》	2017 版	
《关于创新体制机制推进农业绿色发展的意见》	中共中央办公厅、国务院办公厅，2017 年	
《关于全面加强生态环境保护，坚决打好污染防治攻坚战的意见》	中共中央、国务院，2018 年	
《关于深入打好污染防治攻坚战的意见》	中共中央、国务院，2021 年	
《关于印发“无废城市”建设试点工作方案的通知》	国务院办公厅，2019 年	
《农业部关于打好农业面源污染防治攻坚战的实施意见》	农业部，2015 年	
《农业部关于实施农业绿色发展五大行动的通知》	农业部，2017 年	
《农业农村污染治理攻坚战行动计划》	生态环境部、农业农村部，2018 年	
《农业农村部关于深入推进生态环境保护工作的意见》	农业农村部，2018 年	
《关于“十四五”大宗固体废弃物综合利用的指导意见》	国家发展和改革委员会等，2021 年	
《农业农村污染治理攻坚战行动方案（2021—2025）》	生态环境部、农业农村部等，2022 年	
《减污降碳协同增效实施方案》	生态环境部等，2022 年	

涉及农业固体废物污染防治和处理利用的法律文件主要包括《中华人民共和国农业法》《中华人民共和国畜牧法》《中华人民共和国固体废物污染环境防治法》《中华人民共和国土壤污染防治法》《中华人民共和国大气污染防治法》《中华人民共和国水污染防治法》等，相关条文明确要求对秸秆、养殖粪便、废水、废旧农膜等进行资源化利用或无害化处理，防止污染土壤、水和大气，保护农业生态和农村环境，保障食品安全和人体健康等，为相关政策文件制定、行政执法和市场监管提供了法律依据。

以中共中央、国务院发布的《关于创新体制机制推进农业绿色发展的意见》《关于全面加强生态环境保护，坚决打好污染防治攻坚战的意见》《关于深入打好污染防治攻坚战的意见》等文件为统领，农业农村、生态环境和能源等政府主管部门陆续出台了系列政策文件，以农业废弃物无害化处理和资源化利用为重要手段，对农业面源污染防治、农村人居环境提升、农业绿色发展和可再生能源开发利用等进行了顶层设计和战略部署。

2.3.2　秸秆资源化利用政策

从中华人民共和国成立到改革开放，我国社会整体处于物质匮乏、能源短缺时代，秸秆利用以原始的农村炊事、取暖用能及畜牧饲养为主。这一阶段可检索到的涉及农作物秸秆利用的相关政策较少。1965 年中共中央、国务院发布的《关于解决农村烧柴问题的指示》提出：“秸秆还田是种田养田增加有机肥料培养地力的重要措施之一。但是，在推广秸秆还田时，必须对于烧柴、饲草和肥料全面安排”。改革开放后，我国农作物秸秆利用相关政策、法规文件的出台、发布和演变规律见表 2-2。整体上，可划分为以下 4 个阶段。

表 2-2　农作物秸秆综合利用法规政策体系

阶段及特征	代表性政策/文件	发布部门与年份	核心内容
第 1 阶段：政策起步期——单一利用（1979—2007）	《中共中央关于加快农业发展若干问题的决定》	十一届四中全会决议，1979 年	①明确提出积极扩大秸秆还田的推广；②提出实行秸秆还田，以调节土壤物理化学性能，增加土壤有机质；③要求逐步普及秸秆青贮和氨化饲料利用；④提出给农田提供有机肥，积极推广秸秆过腹还田，加快秸秆养畜示范基地建设；⑤提出划定的区域内禁止焚烧秸秆；⑥提出因地制宜开展秸秆气化等小型设施
	《全国农村工作会议纪要》	中央一号文件，1982 年	
	《关于大力开发秸秆资源发展农区草食家畜报告的通知》	农业部，1992 年	
	《关于 1996—2000 年全国秸秆养畜过腹还田项目发展纲要的通知》	农业部，1996 年	

续表

阶段及特征	代表性政策/文件	发布部门与年份	核心内容
第1阶段：政策起步期——单一利用（1979—2007）	《关于发布秸秆禁烧和综合利用管理办法的通知》	环保部、农业部、财政部、铁道部等，1999年	建设；⑦提出大力发展农村沼气，积极发展农作物秸秆固化成型和气化燃料，适度发展能源作物的发展战略；⑧提出加快开发以农作物秸秆等为主要原料的生物质燃料、肥料、饲料，启动农作物秸秆生物气化和固化成型燃料试点项目
	《中共中央国务院关于促进农民增加收入若干政策的意见》	中央一号文件，2004年	
	《农业部关于印发〈农业生物质能产业发展规划（2007—2015年）〉的通知》	农业部，2007年	
	《中共中央国务院关于积极发展现代农业扎实推进社会主义新农村建设的若干意见》	中央一号文件，2007年	
第2阶段：政策发展期——综合利用（2008—2012）	《关于加快推进农作物秸秆综合利用的意见》	国务院办公厅，2008年	①把推进秸秆综合利用与农业增效和农民增收结合起来，加快推进秸秆综合利用；②大力发展节约型农业，促进秸秆等副产品和生活废弃物资源化利用，支持农民秸秆还田；③鼓励实施秸秆还田，支持土壤有机质提升技术的推广，以改良土壤、培肥地力；④明确支持对象为从事秸秆成型燃料、秸秆气化、秸秆干馏等秸秆能源化生产的企业；⑤农业部成立秸秆沼气集中供气工程试点项目技术指导组；⑥规定统一执行标杆上网电价每千瓦时0.75元；⑦明确提出“农业优先、多元利用”的秸秆综合利用原则
	《中共中央国务院关于切实加强农业基础建设进一步促进农业发展农民增收的若干意见》	中央一号文件，2008年	
	《土壤有机质提升补贴项目实施指导意见》	农业部、财政部，2009—2013年	
	《秸秆能源化利用补助资金管理暂行办法》	财政部，2008年	
	《关于做好秸秆沼气集中供气工程试点项目建设的通知》	农业部，2009年	
	《关于完善农林生物质发电价格政策的通知》	国家发展和改革委员会，2010年	
	《关于印发“十二五”农作物秸秆综合利用实施方案的通知》	国家发展和改革委员会、农业部、财政部，2011年	

续表

阶段及特征	代表性政策/文件	发布部门与年份	核心内容
第3阶段：政策转型期——战略布局(2013—2016)	《中共中央关于全面深化改革若干重大问题的决定》	十八届三中全会决议,2013年	①明确健全国土空间开发、资源节约利用、生态环境保护的体制机制,推动形成人与自然和谐发展现代化建设新格局；②将秸秆焚烧列入"大气十条"实施情况考核指标；③建立价格稳定的秸秆收储运体系,初步形成布局合理、多元利用的秸秆产业化格局；④推动产业化发展,拓宽秸秆利用渠道；⑤提出启动京津冀地区镇域级秸秆全量化利用示范区建设；⑥优先支持秸秆资源量大、禁烧任务重和综合利用潜力大的区域,整县推进；⑦提出采取肥料化、饲料化、燃料化、基料化、原料化等多种途径,着力提升综合利用水平；⑧开展畜禽养殖废弃物资源化利用、农副资源综合开发、标准化清洁化生产等方面的建设,促进农牧结合、种养循环
	《国务院办公厅关于印发大气污染防治行动计划实施情况考核办法(试行)的通知》	国务院办公厅,2014年	
	《关于印发〈京津冀及周边地区秸秆综合利用和禁烧工作方案(2014—2015年)〉的通知》	国家发展和改革委员会、农业部、环保部,2014年	
	《关于进一步加快推进农作物秸秆综合利用和禁烧工作的通知》	国家发展和改革委员会、财政部、农业部、环保部,2015年	
	《打好农业面源污染防治攻坚战促进农业可持续发展》	农业部,2015年	
	《关于开展农作物秸秆综合利用试点促进耕地质量提升工作的通知》	农业部、财政部,2016年	
	《关于印发〈关于推进农业废弃物资源化利用试点的方案〉的通知》	农业部、国家发展和改革委员会、财政部等,2016年	
	《关于印发农业综合开发区域生态循环农业项目指引(2017—2020年)的通知》	财政部,2016年	

续表

阶段及特征	代表性政策/文件	发布部门与年份	核心内容
第4阶段：政策深化期——区域统筹(2017年至今)	《关于创新体制机制推进农业绿色发展的意见》	中共中央办公厅、国务院办公厅，2017年	①严格依法落实秸秆禁烧制度，整县推进秸秆全量化综合利用，优先开展就地还田；②在东北地区60个玉米主产县率先开展秸秆综合利用试点；③为促进农作物秸秆综合利用，农业部组织遴选了秸秆农用十大模式；④提出以玉米秸秆处理利用为重点，以提高秸秆综合利用率和加强黑土地保护为目标；⑤推进粮棉主产区和北方地区冬季清洁取暖，推动秸秆综合利用高值化、产业化发展；⑥坚持堵疏结合，加大政策支持力度，全面加强秸秆综合利用；⑦建立健全政府、企业与农民三方共赢的利益链接机制，推动形成布局合理、多元利用的产业化发展格局；⑧结合当地实际，选择适宜的技术，组织开展示范推广和宣传培训，加快推进科技成果进村入户
	《农业部关于实施农业绿色发展五大行动的通知》	农业部，2017年	
	《关于推介发布秸秆农用十大模式的通知》	农业部，2017年	
	《关于印发〈东北地区秸秆处理行动方案〉的通知》	农业部，2017年	
	《关于开展秸秆气化清洁利用工程建设的指导意见》	国家发展和改革委员会、农业部、国家能源局，2017年	
	《国务院关于印发打赢蓝天保卫战三年行动计划的通知》	国务院，2018年	
	《农业农村部办公厅关于全面做好秸秆综合利用工作的通知》	农业农村部，2019年	
	《农业农村部办公厅国家发展改革委办公厅关于印发〈秸秆综合利用技术目录(2021)〉的通知》	农业农村部、国家发展和改革委员会，2021年	

第1阶段：政策起步期(1979—2007)。本阶段的基本特征是相关政策法规涉及的秸秆利用方式相对单一，如作为本阶段的标志性起点文件，十一届四中全会决议仅提出积极扩大秸秆还田技术推广，但是在本阶段的系列文件中涵盖了肥料化、饲料化、能源化等利用途径。另外，秸秆露天焚烧污染问题已引起重视，1987年全国人大审议通过了《大气污染防治法》，提出“禁止露天焚烧秸秆、落叶等产生烟尘污染的物质”，该法规后经多次修订，不断明确了秸秆田间焚烧的处罚措施。2007年中央一号文件提出秸秆燃料化、肥料化、饲料化综合利用的思路，为下一阶段相关政策出台奠定了基础。

第2阶段：政策发展期(2008—2012)。本阶段的基本特征是相关政策法规强调秸秆综合利用。作为本阶段标志性起点文件，2008年国务院办公厅印发的《关于加快推进农作物秸秆综合利用的意见》明确提出，“把推进秸秆综合利用与农业增效和农民增收结合起来，加快推进秸秆综合利用”。在国家经济实力和财政收入大幅提升的背景下，这一时期出台了支持秸秆综合利用的系列财税补贴政策。2011 年，相关部委出台了《“十二五”农作物秸秆综合利用实施方案》，提出“农业优先、多元利用”原则，是下一阶段秸秆利用政策转型的重要铺垫。

第 3 阶段：政策转型期(2013—2016)。围绕十八大以来的国家生态文明建设战略，本阶段秸秆综合利用政策出现了战略转型。《大气污染防治行动计划实施情况考核办法(试行)》将秸秆田间禁烧列入考核指标，进一步扣紧了各级政府秸秆禁烧工作的紧箍咒。从生态环境保护与农业可持续发展全局高度，出台了秸秆综合利用相关政策。如《打好农业面源污染防治攻坚战促进农业可持续发展》等，相关政策突出强调综合利用、生态循环、永续发展等时代主题。另外，此阶段提出了区域秸秆全量化利用概念。

第 4 阶段：政策深化期(2017 年至今)。在乡村振兴战略实施的背景下，2017 年，中共中央办公厅、国务院办公厅印发了《关于创新体制机制推进农业绿色发展的意见》，要求“严格依法落实秸秆禁烧制度，整县推进秸秆全量化综合利用”。本阶段，秸秆综合利用政策在转型发展的基础上不断深化，区域统筹是其鲜明特征，农业部发布了《秸秆农用十大模式》《东北地区秸秆处理行动方案》等，突出了相关政策的针对性、实操性和全局性。

加快推进秸秆综合利用，探索企业、农民和政府三方共赢的利益联接机制，以及可操作、可复制、可持续的秸秆综合利用长效机制是今后秸秆政策聚焦的重点。

2.3.3　粪污资源化利用政策

从 20 世纪 90 年代开始，我国畜禽养殖业快速发展，并从传统散养方式向集约化、规模化、专业化转变，有效解决了肉蛋奶产品的供需矛盾，但是规模化养殖导致的污染事件也时有发生，畜禽粪污处理利用和污染防控问题受到全社会广泛关注。近年来，畜禽粪污处理利用工作高点谋划、高位推进，制定了一系列法规政策，以《畜禽规模养殖污染防治条例》和国务院办公厅印发的《关于加快推进畜禽养殖废弃物资源化利用的意见》为纲领，在畜禽粪污污染防治和综合利用方面出台了系列政策文件，其中代表性法规政策文件见表 2-3。相关文件明确提出畜禽养殖废弃物未经处理，不得直接向环境排放，强化环评、污染监管、属地责任和主体责任等制度；加快构建种养结合、农牧循环的可持续发展格局，加快推进畜牧大县畜禽粪污资源化利用；对源头减量、过程控制和末端利用各环节全程管理，国家支持畜禽养殖场(大户)建设畜禽粪污无害化处理和资源化利用设施。

表 2-3 畜禽粪污利用主要法规政策

代表性法规/政策	发布部门与年份	核心内容
《畜禽规模养殖污染防治条例》	2014 版	①畜禽养殖废弃物未经处理，不得直接向环境排放；②严格落实环评制度，完善污染监管制度，建立属地责任制度，落实主体责任制度等；③以畜禽养殖大县和规模养殖场为重点；④加快构建种养结合、农牧循环的可持续发展新格局；⑤加快推进畜牧大县畜禽粪污资源化利用；⑥国家支持畜禽养殖场户建设畜禽粪污无害化处理和资源化利用设施，鼓励采取粪肥还田、制取沼气、生产有机肥等方式进行资源化利用；⑦指南适用于畜禽养殖场(户)粪污处理设施建设的指导和评估
《关于加快推进畜禽养殖废弃物资源化利用的意见》	国务院办公厅，2017 年	
《关于做好畜禽粪污资源化利用项目实施工作的通知》	农业部、财政部，2017 年	
《畜禽粪污资源化利用行动方案(2017—2020 年)》	农业部，2017 年	
《农业部办公厅关于统筹做好畜牧业发展和畜禽粪污治理工作的通知》	农业部办公厅，2017 年	
《关于进一步明确畜禽粪污还田利用要求强化养殖污染监管的通知》	农业农村部、生态环境部，2020 年	
《畜禽养殖场(户)粪污处理设施建设技术指南》	农业农村部、生态环境部，2022 年	

2.3.4 废旧农业投入品回收利用政策

废旧农业投入品/包装物来源于农业生产的各个环节，一般为轻工业产品，主要包括旧农膜(地膜、棚膜、菌包膜)、农药包装废弃物、废旧网箱等。随着农膜用量和使用年限的不断增加，在局部地区造成了比较严重的"白色污染"。农药包装废弃物不仅污染环境，而且危及公众健康。废旧肥料包装存在随意弃置、掩埋和焚烧现象，对农业生产和农村生态环境产生不利影响，推进废旧农业投入品处理利用已成为农业绿色发展的重要任务。

依据《中华人民共和国固体废物污染环境防治法》《中华人民共和国土壤污染防治法》《农药管理条例》等法律法规文件，农业农村部、生态环境部等部委陆续出台的代表性文件见表 2-4。相关文件明确提出建立健全废旧地膜和农药包装废弃物回收处理制度，防控"白色污染"，促进农业绿色发展；探索推动地膜生产者责任延伸制度试点；农用薄膜回收实行政府扶持、多方参与的原则；农药包装废弃物回收应当按照"回收于农田、再用于农业"的原则充分资源化利用；扎实推进肥料包装废弃物回收处理，促进减量化、资源化、无害化，着力改善农业农村生态环境。

表 2-4　废旧农业投入品利用主要法规政策

代表性法规/政策	发布部门与年份	核心内容
《农膜回收行动方案》	农业部，2017 年	①创新回收机制，推进农膜回收，提升废旧农膜资源化利用水平；②探索推动地膜生产者责任延伸制度试点；③农用薄膜回收实行政府扶持、多方参与的原则；④农药生产者、经营者应当按照“谁生产、谁经营、谁回收”，履行相应的农药包装废弃物回收义务；⑤落实主体责任，强化政策引导，扎实推进肥料包装废弃物回收处理，促进减量化、资源化、无害化，着力改善农业农村生态环境
《关于加快推进农用地膜污染防治的意见》	农业农村部、国家发展和改革委员会等，2019 年	
《农用薄膜管理办法》	农业农村部、工信部等，2020 年	
《农药包装废弃物回收处理管理办法》	农业农村部、生态环境部，2020 年	
《农业农村部办公厅关于肥料包装废弃物回收处理的指导意见》	农业农村部办公厅，2020 年	

2.3.5　病死畜禽无害化处理政策

推进病死畜禽无害化处理，是加强动物疫病防控、保护生态环境、保障食品安全、促进畜牧业绿色发展的内在要求，依据《中华人民共和国动物防疫法》等法律法规文件，相关部门出台的病死畜禽无害化处理相关专项政策文件见表 2-5，以国务院办公厅印发的《关于建立病死畜禽无害化处理机制的意见》为统领，相关文件明确提出，强化生产经营者主体责任，落实属地管理责任，加强无害化处理体系建设；采用深埋、化尸窖、堆肥等处理方式，确保有效杀灭病原体，清洁安全，不污染环境。

表 2-5　畜禽粪污利用产业政策体系

代表性法规/政策	发布部门与年份	核心内容
《关于建立病死畜禽无害化处理机制的意见》	国务院办公厅，2014 年	①强化生产经营者主体责任，落实属地管理责任，加强无害化处理体系建设；②用物理、化学等方法消灭其所携带的病原体；③确保有效杀灭病原体，清洁安全，不污染环境；④用于规范畜禽饲养、屠宰、经营、隔离、运输等过程中病死畜禽和病害畜禽产品的收集、无害化处理及其监督管理活动
《病死及病害动物无害化处理技术规范》	农业部，2017 年	
《关于进一步加强病死畜禽无害化处理工作的通知》	农业农村部、财政部，2020 年	
《病死畜禽和病害畜禽产品无害化处理管理办法》	农业农村部，2022 年	

2.4 农业固废市场体系

2.4.1 市场体系

农业固体废物种类多、来源广，处理利用产业市场体系不尽相同，如种养结合生态循环农业产业园区集种植业、养殖业和固体废物处理利用于一体，采用一定的工程技术手段，将秸秆、粪污等常规农业固体废物转化为肥料和能源，并在园区内直接循环利用。但多数情况下，农业固体废物处理利用市场体系包括产生、收集、储存、转运和利用/处置等独立环节，由多个市场主体参与。

农业固体废物产业市场体系组成如图 2-2 所示，可分为上游原料市场和下游产品市场两个子系统。上游原料市场直接影响加工企业原料成本和利润空间等，对产业发展影响很大。在保障秸秆原料有效供给方面，近年来，国家与地方在编制相关规划或方案文件时，特别强调统筹安排秸秆多元利用优先时序，合理编制实施方案，避免资源闲置或过度竞争。下游产品市场直接影响加工企业产品市场空间和销售价格等，对产业发展也具有重要影响。在稳定和扩大产品需求方面，国家与地方政府也出台了一系列促进农业固体废物肥料化、饲料化、能源化、基料化和原料化产品利用的政策和补贴措施。

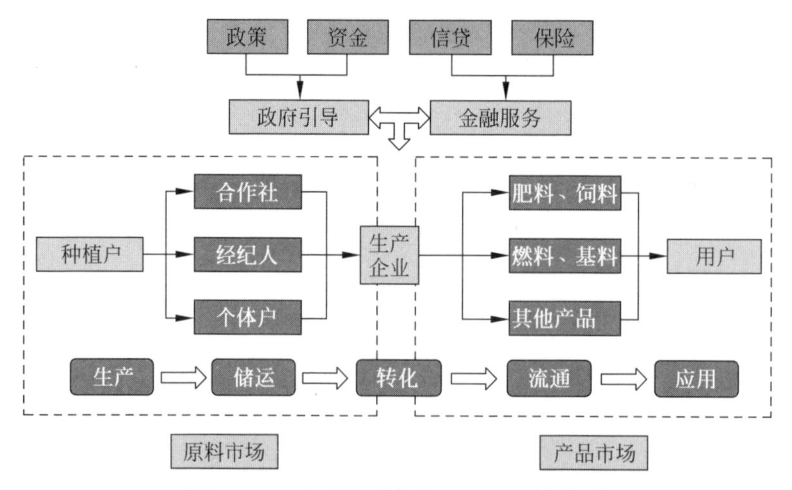

图 2-2 农业固体废物处理利用市场体系

产业市场主体包括原料供给者(农户、农场主和农业种植企业等)、产品需求者(农户、农场主、农业种植企业和其他用户等)、中间参与者(处理利用企业、原料与产品流通业服务机构或个人等)。在没有外部要素干预的情况下，产业市场的形成与可持续发展需要两个基本条件：①市场上存在有效的原料供给与有效的产品需求；②交易加工费用低于产品需求价格与原料供给价格之差。受原料储运环节成本高，以及目前农业固体废物利用技术经济性整体较差等因素制约，目前我国农业固体废物产业完全市场化发展仍比较困难。在政策、资金、信贷和保险等方面，对政府引导和绿色金融等仍有较强的依赖性。

2.4.2　市场主体

从地方和行业看，哪里市场主体越多越活跃，哪里的经济就发展好，市场化改革成果很重要的方面是市场主体发展壮大。主体培育是农业固体废物产业长期健康、快速发展的基石。主体兴则产业兴，主体强则产业强，农业固体废物资源化利用要坚持市场主导、政府引导，充分发挥市场主体推进产业发展的基础作用。以东北地区秸秆综合利用产业为例，目前离田利用市场化主体数量达到 5300 余个，利用量超过 1900 万吨，市场主体培育对促进东北地区秸秆产业发展和提升农业质量效益发挥了重要作用。

围绕农业绿色发展和农业固体废物循环利用战略需要，“绿色”引领下农业固废产业市场主体培育应重点关注以下内容：①跳出农业固体废物，处理利用农业固体废物，探索农业产业园区经营主体和农业产业化龙头企业责任延伸制，依托农业产业市场主体，站在农业发展全局推进农业固体废物资源化利用；②跳出农业发展农业，以工业化理念武装农业，采取有效措施，积极引导能源、环保等相关产业生力军跨界进入农业固体废物处理利用产业；③按照因地制宜、适度规模的基本原则，推进各地人力资源开发，进一步强化以乡贤和里手为主的中小型市场主体培育。

2.4.3　市场监管

如图 2-3 所示，农业固体废物处理利用市场主体主要包括种植/养殖户（企业）、社会化服务组织和专业化运营公司等。农业固体废物产生于种植/养殖户（企业），一般由社会化服务组织或经纪人等进行收集、储存和转运，由专业公司建设和运营直燃发电、热解联产、沼气和有机肥工程等农业固体废物利用工程。根据《中华人民共和国环境保护法》中“谁开发谁保护，谁污染谁治理”的原则，以及《中华人民共和国固体废物污染环境防治法》相关规定，产生畜禽粪污、农作物秸秆、废旧农膜等农业固体废物的单位和个人，应当采取回收利用等措施，防止农业固体废物对环境的污染。因此，农业生产者/农资生产经营者对农业固体废物污染防治负主体责任。

农业固体废物污染防治和处理利用技术指导及市场监管的部门包括农业

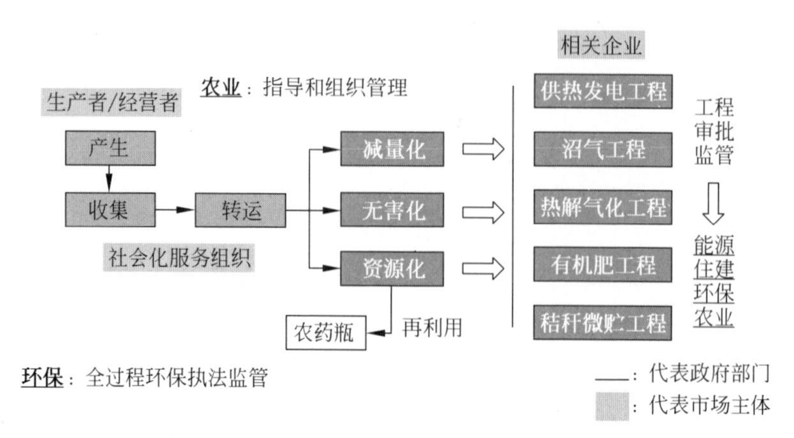

图 2-3　农业固体废物处理利用市场监管体系

农村部、生态环境部、自然资源部、国家林业和草原局、国家能源局、住房和城乡建设部等。《中华人民共和国农业法》规定，对于秸秆、粪便、废水应综合利用或无害化处理，县级以上人民政府应采取措施，督促有关单位进行治理，并强调了地方人民政府对农业固体废物污染防治和综合利用负属地责任。《中华人民共和国固体废物污染环境防治法》规定，各级人民政府农业农村主管部门负责组织建立农业固体废物回收利用体系，推进农业固体废物综合利用或无害化处置设施建设及正常运行。《中华人民共和国土壤污染防治法》规定，地方人民政府农业农村主管部门应当鼓励农业生产者采取有利于防止土壤污染的种养结合措施，因此，农业农村主管部门对农业固体废物污染防治与资源化利用有技术指导和组织管理责任。生态环境部门依法进行全程监管。能源、生态环境、住建等部门主要负责农业固体废物重大处理项目审批与建设监管。

以上述法律条款为准绳，各类责任主体分工在系列政策文件中也进行了明确界定，如《农药包装废弃物回收处理管理办法》指出，县级以上地方人民政府农业农村主管部门应当调查监测本辖区农药包装废弃物种类、分布和产生量等情况，指导建立农药包装废弃物回收体系，合理布设县、乡、村农药包装废弃物回收站(点)。《关于加快推进畜禽养殖废弃物资源化利用的意见》指出，地方各级人民政府对本行政区域内的畜禽养殖废弃物资源化利用工作负总责，要结合本地实际，依法明确部门职责，细化任务分工，健全工作机制。

农业固废“无废”技术路径

3.1 技术体系及技术模式

“创新驱动发展”是国家战略，科技创新已摆在国家发展全局的核心位置。习近平总书记高度重视农业科技创新，2013 年在山东省农业科学院考察时，对农业科技创新作出了重要指示，强调农业的出路在现代化，农业现代化关键在科技进步和创新；我们必须比以往任何时候都更加重视和依靠农业科技进步，走内涵式发展道路。

3.1.1 技术驱动作用

技术创新是农业固体废物资源化利用产业发展长效机制构建的根本支撑。推进农业固体废物高效高值、安全循环利用短期看政策，长期靠技术，“科学技术是第一生产力”，技术创新是提高产业竞争力的不二选择(图 3-1)。农业固体废物资源化利用本质上属环保产业，从经济学角度来看，固体废物是具有负价值的“商品”，无论采用何种控制措施，都需要支付一定的经济成本，因此，达成“变废为宝”美好愿景，离不开重大突破基础上的“点石成金”技术支撑。农业固

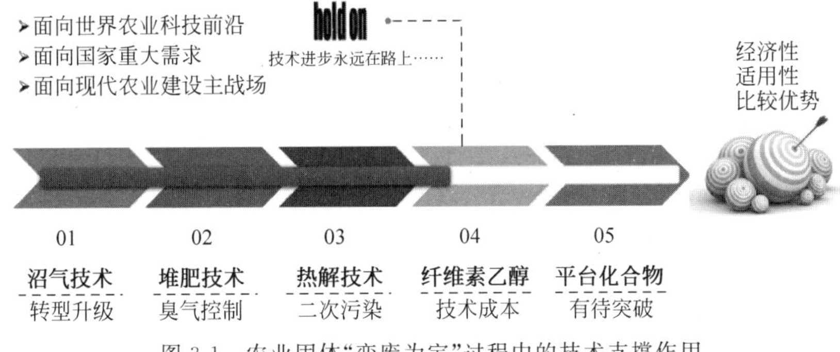

图 3-1　农业固体“变废为宝”过程中的技术支撑作用

体废物资源化利用的技术经济性提升及其比较优势的显现,需要各级技术主管部门和各类技术创新主体步步为营出实招、久久为攻创实效。

3.1.2 技术体系

2020 年新修订的《固体废物污染环境防治法》在总则第四条明确规定,"固体废物污染环境防治坚持减量化、资源化和无害化的原则",固废处理"三化"原则首次以法律的形式得以确立,但在附则中,未给出"减量化""资源化""无害化"的具体定义。

《循环经济促进法》给出了"减量化""再利用"和"资源化"的定义,提出"本法所称减量化是指在生产、流通和消费等过程中减少资源消耗和废物产生";"本法所称再利用,是指将废物直接作为产品或者经修复、翻新、再制造后继续作为产品使用,或者将废物的全部或者部分作为其他产品的部件予以使用";"本法所称资源化,是指将废物直接作为原料进行利用或者对废物进行再生利用"。以上定义充分考虑了循环经济学属性。农业固体废物无害化、减量化、资源化和再利用是彼此区分又相互联系的四个概念(见知识链接 7)。"无害化"是农业固体废物处理的总体要求,"减量化""资源化"是农业固体废物"无害化"的重要手段,且"减量化""资源化"应服从和服务于"无害化"。

农业绿色高质量发展就是要走出一条资源节约、环境友好、产出高效、产品安全的农业现代化道路,资源节约、产出高效是农业绿色高质量发展的基本特征。如图 3-2 所示,农业固体废物源头减量和过程控制是农业节本增效、节支增收的重要内容。环境友好是农业绿色发展的内在属性,通过过程控制和末端治理,解决农业环境突出问题,培育可持续、可循环的发展模式。农业固体废物循环利用是支撑农业绿色高质量发展的重要内容。

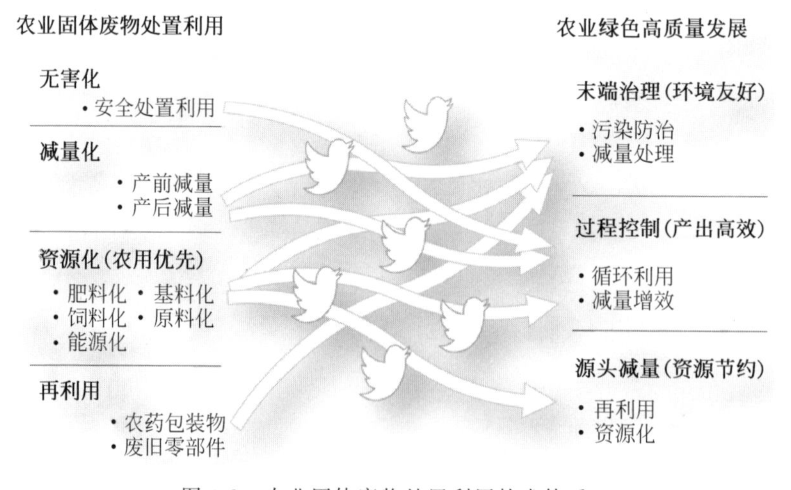

图 3-2 农业固体废物处置利用技术体系

知识链接 7——

固体废物处置利用相关术语释义

(1) 农业固体废物“无害化”(agricultural waste safe disposal)：指经过适当的处理或处置，使农业固体废物或其中的有害成分无法危害环境，或转化为对环境无害的物质的过程，常用方法包括填埋法、焚烧法、化学法等。“无害化”是农业固体废物处理的基本要求，“资源化”“减量化”要以“无害化”为前提，实现环境、社会和经济效益的平衡。

(2) 农业固体废物“资源化”(agricultural waste valorization)：指采用资源化利用技术，实现农业固体废物再利用、再生利用、物质回收、能量回收的过程，一般概括为肥料化、饲料化、能源化、基料化和原料化利用，简称“五化”利用。粪便堆肥、秸秆热解、秸秆青贮饲料、人造板材等均为实现农业固体废物资源化的技术措施。需要说明的是，“资源化”过程中一般也有相应的经济成本和环境代价。

(3) 农业固体废物“减量化”(agricultural waste minimization)：指采取清洁生产、源头减量及安全处置等措施，减少废物的数量、体积或危害性，减轻废物在目前和未来对人体健康及生态环境的危害，农业固体废物减量化包括产生前减量和产生后减量两方面。化肥农药减量增效、废旧农膜热解焚烧等均为实现农业固体废物减量化的技术措施。需要说明的是，“产生后减量”与“资源化”一样，需要一定的经济成本和环境代价，一般“产生后减量”措施也是“资源化”利用措施。

(4) 农业固体废物“再利用”(agricultural waste recycle)：指将农业固体废物直接作为产品或经清洗、修复、翻新、再制造后继续作为产品使用，或者将废物的全部或者部分作为其他产品的部件予以使用。农业固体废物的再利用属于广义的资源化。废旧农药瓶再利用、拆解后报废农机具零部件再利用等均为实现农业固体废物再利用的技术措施。

3.1.3　技术模式

在技术应用层面，经过多年探讨逐步积累了一批经济适用的农业固体废物循环利用模式，如基于种养循环的“畜沼果”“畜沼茶”“畜肥菜”等模式，基于土壤改良的“秸炭果”“秸炭烟”等模式。在运行体制机制方面，基于生产者责任延伸制，实践探索了农膜商品服务一体制、农药包装物回收奖励制、使用者押金返还制等，取得了较好的应用效果。

基于对农业固体废物基本特征、法规要求和应用模式的剖析，凝练农业固体废物处理利用技术路径与总体模式，如图 3-3 所示。在种养结合的农业固体

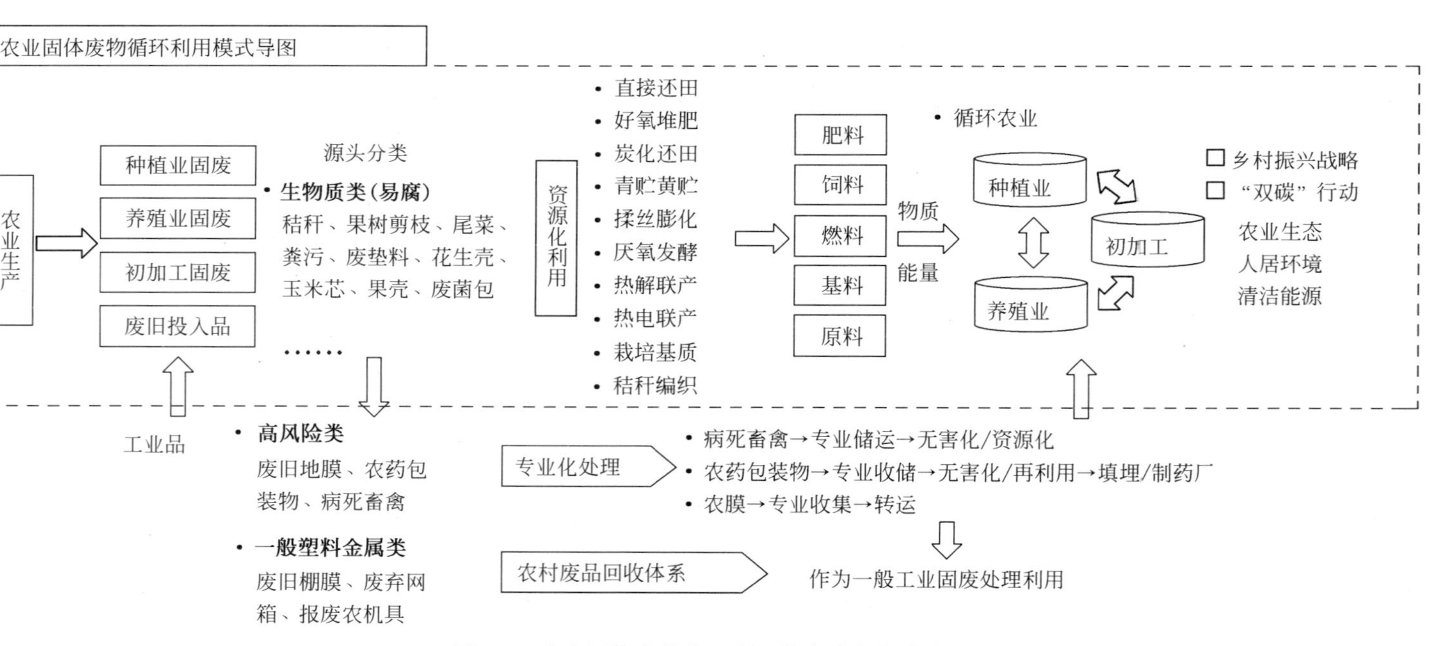

图 3-3　农业固体废物处理利用技术路径与模式

废物循环系统中,除农业投入品和病死畜禽进出循环系统外,其他农业固体废物均基本源于并用于农业生产系统,其基本特征主要体现在以下方面。

(1) 分类处理、多措并举。将农业固体废物从源头分类,分为生物质类、高风险类和一般塑料金属类,根据不同废物特征,选择适宜的技术路径与措施,进行收集、储存、转运和资源化利用或无害化处理。

(2) 统筹兼顾、绿色循环。统筹农业生产和农民生活、农业种植和畜禽养殖、环境保护和社会发展的各方面,通过物质和能量的双循环,实现农业固体废物的资源化高效利用,获取农业生产的最佳综合效益。

(3) 减量回用、精准处置。废旧农业投入品尽可能回收再利用,如减少或杜绝使用一次农药包装物,推行农药包装循环使用等。规范农膜使用,降低回收难度,对于病死或染病畜禽,尤其是重大疫病畜禽,须精准处置,严防病原体扩散,避免危及人们健康。

另外,由于我国各地经济社会发展水平、自然地理条件、人们生活习惯、农业固体废物产出结构等均存在明显不同,需在遵循上述原则和思路的基础上,因地制宜制定农业固体废物处理利用路径和应用模式。

知识链接 8——

农业固体废物资源化利用工程术语

(1) 原料收储运工程。为方便农业固体废物资源化利用或无害化处理,对农作物秸秆、畜禽粪污、废旧农膜等农业固体废物统一收集、转运和存储的工程。

(2) 肥料化利用工程。利用易腐类农业固体废物自身的部分营养成分,通过物理、化学或生物技术,将其转化为肥料、土壤调理剂等的工程,包括堆沤肥、炭基肥等工程。

(3) 饲料化利用工程。以农作物秸秆等为主要原料,通过生物、物理等方法转化为动物粗饲料的工程,包括压块、青贮、黄贮、揉丝、干草、膨化等利用工程。

(4) 能源化利用工程。以有机农业固体废物原料,利用物理、化学或生物技术,将其转化为固体、液体、气体燃料或热力(电力)的利用工程,包括热解气化、成型燃料、燃料乙醇、沼气、直燃发电等工程。

(5) 基料化利用工程。以秸秆、粪便等农业固体废物为主要原料,加工或制备成主要为动物、植物及微生物生长提供良好条件和一定营养的有机固体物料的工程,包括食用菌基质、植物育苗与栽培基质、动物垫料等加工工程。

(6) 原料化利用工程。以秸秆、果树剪枝等农业固体废物为主要原料,采用特定生产工艺制备生物质制品或化工产品的利用工程,包括人造板材、复合材料、清洁制浆、木糖醇、可降解材料、墙体材料、盆钵、造纸和编织等。

3.2 肥料化利用技术

农作物秸秆、畜禽粪污、尾菜烂果等易腐类农业固体废物除富含碳水化合物外，还含有氮、磷、钾及钙、镁、硅等植物生长必需或有益的元素，具有很高的肥料化利用价值。农业固体废物肥料化利用是指易腐类废物经无害化处理后，转化为有机肥料的过程，主要途径包括秸秆直接还田、秸秆腐熟还田、畜禽粪便堆肥、尾菜烂果堆肥等。易腐农业固体废物肥料化利用不仅能改良土壤、增加土壤有机质，还可有效提高土壤碳汇。

3.2.1 秸秆直接还田技术

直接还田模式属秸秆直接肥料化利用模式。秸秆直接还田指把作物秸秆直接翻耕入土用作基肥或以覆盖物的形式覆盖于土壤表层等，能有效增加土壤有机质含量，改良土壤，调节土壤中氮、磷、钾比例，促进农业稳产、高产，同时可避免就地焚烧等给环境带来的污染等。但若方法不当，也会增加土传病风险，同时，出现烧苗、缺苗(僵苗)等现象。当前秸秆直接还田技术主要包括深翻还田技术、旋耕混埋还田技术和免耕覆盖还田技术。

《农业部办公厅关于推介发布秸秆农用十大模式的通知》中推介发布了6种秸秆直接还田典型技术模式。

1. 高寒区玉米秸秆深翻还田技术

(1) 技术内涵。东北地区冬季气温低，玉米秸秆在地表难以有效腐解，深翻还田成为秸秆处理的重要途径(图3-4)。该模式基于东北地区玉米生产所处的气候与生态条件，以“深翻还田”为核心，通过促进农机农艺技术的融合，凸显秸秆还田对黑土地资源保护的生态效益。联合收割机收割玉米后，将玉米秸秆粉碎均匀抛洒在地表，然后由大型拖拉机深翻还田，次年春季进行耙平，开展下一

图3-4 玉米秸秆深翻还田

季农事生产。

(2) 技术特点。针对东北黑土地“质退量减”的现状，秸秆深翻还田可以实现深层土壤增碳，构建黑土地合理耕层，提高土壤有机质含量。秸秆深翻还田后经过分解所释放的氮素可以改变土壤氮素的供应水平，使亚耕层土壤速效氮含量增加显著。秸秆深翻还田还能够降低土壤容重，形成良好的土壤空隙结构，提高黑土地土壤的储水能力与入渗能力，涵养水分。

(3) 技术流程。秸秆深翻还田主要包括以下作业环节：玉米秸秆粉碎抛洒→秸秆二次粉碎(＜10cm)→深翻(翻耕深度＞30cm)→耙压和旋耕平地(起垄)→播种。

(4) 适宜范围。适宜在东北、中原及东部等主要玉米种植区应用，气候条件为降雨量大于450mm、积温高于2600℃，耕种条件适宜大型农业机械作业。

2. 干旱区棉秆深翻还田技术

(1) 技术内涵。通过集成机械粉碎和深翻还田技术，利用秸秆粉碎还田机，将刚收获完的棉花秸秆粉碎后均匀抛洒于土壤表面，然后进行耕翻掩埋，达到疏松土壤、改良土壤理化性、增加有机质、培肥地力等多重目标，同时消灭病虫害、提高产量、减少环境污染，从而有效解决我国棉花主产区棉秆利用率不高的问题。

(2) 技术特点。棉花秸秆中富含多种养分和生理活性物质，实行秸秆还田具有改善土壤物理性状、补充土壤养分、提高土壤的生物有效性、增加作物产量等作用。棉秆深翻还田作业需将棉秆切得碎、埋得深，并做到足墒还田。棉秆深翻还田需使用大马力拖拉机、棉花秸秆粉碎还田机等大型农机具，进行机械粉碎、破茬、深翻、耙压等机械化作业。

(3) 技术流程。①棉花适时收获。此时棉秆呈绿色，棉秆内水分较多，易于粉碎。②秸秆粉碎。粉碎后棉秆长度＜5cm，切根遗漏率＜0.5%。③适时深翻。粉碎之后要尽快进行秋翻将秸秆翻耕入土，要求耕深＞25cm，以便于秸秆快速分解。④足墒还田。秸秆还田后要及时浇水，以促使秸秆与土壤紧密接触，防止架空。⑤补充氮肥。秸秆还田的地块，进行秋翻时要施入一定量的氮肥，以缓解微生物与下茬作物幼苗争氮的现象。

(4) 适宜范围。适宜在全国棉花主产区应用，尤其适宜新疆等棉花种植规模大的区域。

3. 麦秸覆盖玉米秸旋耕还田技术

(1) 技术内涵。基于黄淮海地区小麦—玉米轮作种植制度，在小麦收获季节，利用带有秸秆粉碎还田装置的联合收割机将小麦秸秆就地粉碎，均匀抛洒在地表，直接免耕播种玉米(图 3-5)。在玉米收获季节，用秸秆粉碎机完成玉米秸秆粉碎，然后采用旋耕机在秸秆青绿时进行旋耕，完成秸秆还田作业后播种小麦。

图 3-5　玉米秸秆旋耕还田

(2) 技术特点。麦秸覆盖还田免耕播种玉米的特点是不用耕翻，节约成本，方便易行，能及时播种，不误农时。能够减少对土壤扰动，地表有覆盖秸秆，可提高土壤的蓄水保墒能力，实现土壤的水、肥、气、热协调供给。玉米秸秆粉碎旋耕还田可同时完成碎土、松土、混拌秸秆、平整土壤等作业，效率高、成本低，方法简单，易推广。

(3) 技术流程。小麦秸秆覆盖还田主要包含以下作业环节：联合收割机收获小麦、秸秆粉碎抛撒还田、喷洒秸秆腐熟剂、免耕播种下茬作物。玉米秸秆旋耕还田主要包含以下作业环节：人工摘穗或收获机收获玉米、秸秆粉碎还田、机械化旋耕、播种下茬作物。

(4) 适宜范围。适用于一年两熟制小麦—玉米轮作区，要求光热资源丰富，在秸秆还田后有一定的降雨(雪)天气，或具有一定的水浇条件。要求土地平坦，土层深厚，成方连片种植，适合大型农业机械作业。

4. 少免耕秸秆覆盖还田技术

(1) 技术内涵。在作物收获后，将农作物秸秆及残茬覆盖地表，土地不进行耕翻，次年采用免耕播种机进行播种或进行表土层耕作播种(图 3-6)。同时，需定期进行轮耕或深松作业，以有效培肥地力，防止水土流失，降低生产成本。

(2) 技术特点。秸秆覆盖还田能改善土壤物理性质，增加氮、磷，特别是有机质和速效钾含量，具有蓄水保墒、调节地温和减缓土壤水分、温度波动，降低田间杂草密度，调节土壤 pH 值，提高土壤生物活性的作用。尽量减少传统铧式犁翻耕，减轻对土壤的扰动，采用免耕播种机将作物播种在有秸秆覆盖的土层，作物播种时必须有大量秸秆覆盖地表。根据当地气候、土壤及种植模式等

图 3-6　秸秆覆盖免耕播种

条件配套土壤深松、浅耕整地、病虫草害综合防治等技术，一般每 3～5 年土壤深松一次。

（3）技术流程。秸秆覆盖少免耕保护性耕作技术是完整的工艺技术体系，需要从前茬作物收获开始考虑，其主要作业环节包括作物收获、秸秆粉碎处理、表土作业、免耕播种、田间管理等。

（4）适宜范围。适用于年降雨量为 250～800mm 的地区，主要包括黄土高原区、两茬平作区、农牧交错区和东北冷凉区等。对于种植玉米等喜温作物，由于春季播种时保护性耕作的地温比翻耕无覆盖地温低 1～2℃，推广应慎重。

5. 稻麦秸秆粉碎旋耕还田技术

（1）技术内涵。在长江流域水稻—小麦、水稻—水稻、水稻—油菜等作物轮作区，农作物秸秆通过机械化粉碎和旋耕机作业直接混埋还田，配套农机农艺结合措施，充分发挥秸秆还田在培肥地力和增产增收等方面的积极作用(图 3-7)。稻麦秸秆粉碎旋耕还田是目前长江流域应用范围最广的一种秸秆直接还田技术。

图 3-7　稻麦秸秆粉碎旋耕还田

（2）技术特点。秸秆经收割机或秸秆还田机粉碎并均匀抛洒后，进行 1～2 次旋耕作业，即可栽插或播种下茬作物，流程简单、操作方便。适应多种复式作业机械，如施肥、旋耕、播种与镇压复式作业，以及条旋、条播与镇压复式作业等，一次完成秸秆旋耕还田、后茬作物播种，满足稻麦（油）轮作区抢收抢种与作物高产稳产等要求，并可降低生产成本。

(3) 技术流程。麦（油菜）秸粉碎旋耕还田技术作业环节主要包括：联合收获机收割、秸秆粉碎及均匀抛洒、泡田、底施基肥、旋耕整地、水稻种植。稻秸粉碎旋耕还田技术作业环节主要包括：联合收获机收割、秸秆粉碎及均匀抛洒、底施基肥、反转灭茬旋耕整地、小麦播种（油菜移栽）、田间管理。

(4) 适宜范围。适用于长江流域的水稻—小麦、水稻—水稻和水稻—油菜轮作区，也可用于长江流域的部分小麦—烤烟、小麦—玉米轮作区，不适宜水土流失严重的坡耕旱地。

6. 秸秆快腐还田技术

(1) 技术内涵。在华南地区一年三熟的种植制度下，早稻收割后，将秸秆就地粉碎，并保持一定的水层，通过化学腐熟剂、生物腐熟剂的双重作用，实现秸秆在短期内（两茬间约 2 周时间）快速腐熟还田。该技术不仅不影响晚稻插秧，还有利于提高土壤的有机质，改善土壤理化特性。

(2) 技术特点。该技术快捷方便，用工少，只需在作物收割后、灌水泡田前将腐熟剂撒于农作物秸秆表面，不需要单独增加作业环节。促进秸秆快速腐熟应采用高效生物菌剂，应能迅速催化分解秸秆的粗纤维，使秸秆在 7～10 天内基本软化并初步腐熟。

(3) 技术流程。秸秆快速腐熟还田技术通过使用秸秆腐熟菌剂将田间农作物秸秆在短期内快速腐熟，常规的技术环节主要包括：作物收获、秸秆粉碎抛洒、施用腐熟剂、施用底肥、旋（翻）耕埋草、作物栽种、田间管理等。

(4) 适宜范围。适用于全国大多数区域，特别适宜于有水源保障的水稻—水稻、水稻—小麦和水稻—油菜等轮作的南方水田。

3.2.2 秸秆/尾菜间接还田技术

秸秆、尾菜等间接还田是指将农作物秸秆/尾菜离田处理或资源化利用后的副产物进行还田利用的方式，间接还田增加了处理成本，但也提高了固体废物利用价值。如图 3-8 所示，常见的间接还田技术包括堆腐还田、过腹还田、菌肥联产还田、炭化还田、能肥联产还田等。间接还田技术模式能够延伸产业链与价值链，提高农业固体废物处理利用附加值。

1. 秸秆/尾菜堆腐还田技术

(1) 技术内涵。将秸秆/尾菜等粉碎后就近堆放，通过接种腐熟剂发酵，在

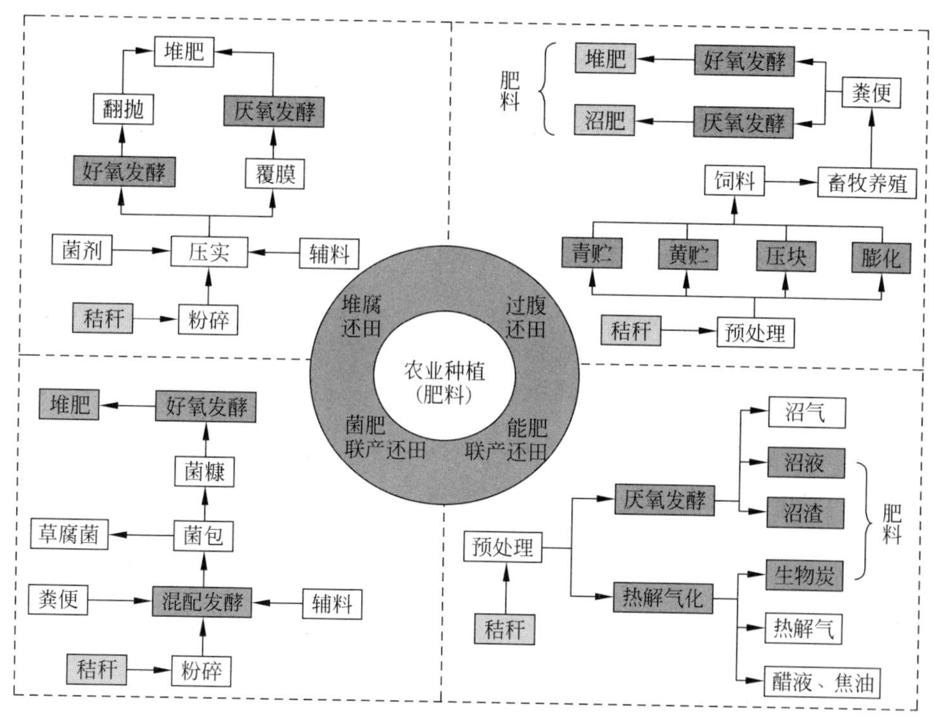

图 3-8　秸秆间接还田肥料化利用技术路径

短时间内催化分解秸秆等纤维类农业固体废物中的粗纤维等成分，改变不易分解的纤维素、木质素等物质的还田状态，然后再进行还田利用。堆腐还田可加速固体废物田间降解和养分释放。

（2）技术特点。堆积腐熟发酵后，有机质含量会显著提升，氮、磷、钾及各种微量元素更容易被植物吸收，促进了养分高效利用，推动了土壤肥力的持续提升。堆肥处理中，高温能够杀灭病原、虫卵和各种杂草种子，减少病虫草害的发生率。与直接还田技术相比，堆腐还田成本相对较高，且要额外占用土地。

（3）技术流程。堆腐还田主要包括收储、预处理、添加菌剂、覆膜、发酵、取用等作业环节。一般选择在收割农田的田间地头，或者周边有水的沟边进行堆腐。将农作物秸秆均匀平铺在塑料薄膜上，堆放成长方体并用脚踏实后，加入配置好的菌液，最后，用塑料薄膜将整个草垛覆盖住，增加保湿增温效果和密闭性，提高发酵效率。

（4）适宜范围。适用于全国粮油和蔬菜主产区，尤其适宜于茬口紧、秸秆直接还田影响下季作物播种的地区。

2. 秸秆/尾菜过腹还田技术

（1）技术内涵。秸秆等农业固体废物在物理、化学或生物等处理的基础上，添加辅料和营养元素等可制成动物粗饲料，粗饲料经禽畜消化吸收后形成粪便，粪便经好氧或厌氧发酵处理后还田，从而实现种植业和养殖业的有机结合及农业固体废物的高效循环利用。

（2）技术特点。秸秆等通过青（黄）贮、压块、膨化等方式加工成牲畜饲料，可提高秸秆饲料转化利用效率，拓展饲料来源，节约饲料用粮，有利于缓解粮食供需矛盾。秸秆饲料经禽畜消化吸收后排出的粪、尿，通过无害化处理后作为有机肥还田，能有效增加土壤有机质含量、培肥地力。该技术模式需要种养结合，对产业结构有明确要求。

（3）技术流程。该技术产业链条长，主要包含作物种植、秸秆等收集与转运、粗饲料加工、畜禽规模化养殖和有机肥加工等。

（4）适宜范围。对地理、气候等条件无严格要求，凡种养业发达的地区均适用，可根据原料特性和种养规模，选择适宜的饲料加工方式和有机肥生产工艺。

3. 秸秆/尾菜菌肥联产还田技术

（1）技术内涵。以农作物秸秆、玉米芯等为主要原料，通过与其他原料混合和高温发酵，配制食用菌栽培基质，食用菌采收结束后，对菌糠进行高温堆肥处理并还田利用，是一种生产高效、闭路循环的农业固体废物利用技术。

（2）技术特点。我国食用菌栽培历史悠久、技术成熟，主要包括草腐菌和木腐菌两类。菌肥联产还田技术模式既可运用于一般农户生产，也可运用于工厂化、产业化规模生产，操作方便，适应性强。菌肥联产还田技术模式投资相对较高。

（3）技术流程。食用菌栽培过程中使用的基质可分为生料、熟料和发酵料等。无论哪种食用菌栽培方式，均包括基料制备、食用菌栽培和菌糠堆肥 3 个基本环节。

（4）适宜范围。适用于全国各地，可根据各地实际情况，因地制宜选择堆腐工艺、配套设备、基质复配与调制方法等。

4. 秸秆/尾菜炭化还田技术

（1）技术内涵。将秸秆等纤维素类农业固体废物通过中低温慢速热解工艺转化为性质稳定的生物炭，然后以生物炭为载体，通过混配、成型等工艺生产炭基肥料。炭基肥可改善土壤结构及其理化性状，增加土壤有机碳含量，实现秸秆等农业固体废物的循环利用。

(2) 技术特点。秸秆类生物炭含碳丰富,还田后可稳定地将碳元素固定长达数百年,生物炭作为土壤固碳增汇技术手段受到广泛关注。炭基肥有改良土壤、增加地力、改善作物生长环境、提高土地生产力及产品品质等功能,但生物炭生产成本相对较高,且热解转化过程中,处理不当还会带来环境二次污染风险。

(3) 技术流程。该技术主要包括秸秆等纤维素类固体废物慢速热解、生物炭冷却与粉碎、混配、造粒、炭基肥施用等环节。

(4) 适宜范围。适合于全国秸秆量丰富的地区,不受自然环境条件影响。应用推广时可结合各地农业农村生产生活用能需要,联产热解气、热水或蒸汽等。

5. 能肥联产还田技术

(1) 技术内涵。秸秆/尾菜等农业固体废物通过厌氧发酵生产沼气,沼气通过管道或压缩装罐供应农户作为生活用能,或者提纯后生产车用生物天然气。沼渣沼液处理后可直接还田利用,也可经深加工制成含腐植酸水溶肥、叶面肥或育苗基质等。

(2) 技术特点。通过厌氧发酵等手段,把秸秆等农业固体废物转化为沼肥还田,可减少化肥使用量,培肥地力,提升耕地质量,促进固体废物循环利用。能肥联产还田技术模式可将固体废物转化为高品质能源,能够有效延长农业产业链,增加农业附加值,但秸秆类原料发酵难度较大,预处理成本较高。与腐熟还田相比,工程建设投资相对较高。

(3) 技术流程。该技术模式主要包括原料收储、原料预处理、厌氧发酵、沼气净化(提纯)、沼气存储,以及沼渣堆肥等环节。

(4) 适宜范围。该模式适用于我国粮食主产区,尤其是南方积温相对较高的地区,沼气工程运营成本相对较低。

3.2.3 畜禽粪污肥料利用技术

1. 异位发酵床技术

(1) 技术内涵。在传统发酵床养殖基础上进行改进,垫料不直接与生猪接触,猪舍免冲洗,粪便和尿液通过漏缝地板进入下层垫料或转移到舍外铺设垫料的发酵槽中,进行粪便尿液的发酵分解和无害化处理,经过一段时间后可直接作为有机肥料进行农田利用。

(2) 技术特点。饲养过程不产生污水,减少了处理成本。大面积推广垫料收购难,粪便和尿液混合含水量高,发酵分解时间长,寒冷地区使用受限。另外,高架发酵床猪舍建设成本相对较高。

(3) 技术流程。异位发酵床包括适宜中小规模养殖的舍外发酵床和适宜大规模养殖的高架发酵床。舍外发酵床指猪粪便和尿液清理到舍外的大棚,大棚内建有发酵床,底部铺设木屑、稻壳、蘑菇渣等,采用机械(管道)或人工将粪尿均匀撒入并翻堆,定期加入菌种。高架发酵床采用两层结构的高架猪舍养猪,其中上层养猪,下层利用微生物好氧发酵原理,采用木糠等有机垫料消纳粪尿,生产有机肥料。

(4) 适宜范围。主要适用于南方水网地区,尤其是周围农田受限的生猪养殖场。舍外发酵床适用于年出栏 1000～2000 头的养殖场,高架发酵床适用于规模较大的养殖场。

2. 粪污全量收集还田利用技术

(1) 技术内涵。对养殖场产生的粪便、尿液和污水集中收集,全部进入氧化塘贮存。氧化塘分为敞开式和覆膜式两类。粪污通过氧化塘贮存和无害化处理后,在施肥季节进行农田施用。

(2) 技术特点。粪污收集、处理、贮存设施建设成本低,处理利用费用也较低。粪便和污水全量收集,养分利用率高。粪污贮存周期一般要达到半年以上,需要足够的土地建设氧化塘贮存设施。施肥期较集中,需配套专业化的搅拌设备、施肥机械、农田施用管网等。粪污长距离运输费用高,只能在一定范围内施用。

(3) 技术流程。对于规模化养殖场,业主自建覆膜式氧化塘或敞开式氧化塘,无害化处理后的液体粪肥通过农田管网水肥一体化施肥。对于区域内多家中小型养殖场,第三方服务组织建设若干个公共粪肥存储池,将收集的粪污存储在密闭存贮池中,购置粪肥播撒机及配套机械设备,在春播前及秋收后,按测土测粪配方要求,使用高效还田设备精准还田。

(4) 适宜范围。适用于猪场水泡粪工艺或奶牛场的自动刮粪回冲工艺,粪污的总固体含量<15%。养殖场周边需要配套与粪污养分量相配套的农田。

3. 粪便堆肥利用技术

(1) 技术内涵。以生猪、肉牛、蛋鸡、肉鸡和羊规模养殖场的固体粪便为主,经好氧堆肥无害化处理后,就地就近农田利用或生产商品化有机肥。相关处理设施设备主要包括条垛式发酵床、槽式发酵床、滚筒式发酵设备等。

(2) 技术特点。好氧发酵温度高,粪便无害化处理较彻底,发酵周期短。好氧堆肥过程易产生大量的臭气,对环境有负面影响。

(3) 技术流程。养殖场建设有机肥处理中心,以自身养殖场固体粪便、收集的周边中小规模养殖场粪便和沼渣等为主要原料,辅以稻壳粉、秸秆粉等,进行槽式堆肥发酵或条垛式堆肥发酵,经后期腐熟后,通过干燥、筛分等工艺生产商品有机肥或有机—无机复混肥。

(4) 适宜范围。适用于只有固体粪便、无污水产生的规模化肉鸡、蛋鸡或羊场等,也可用于配套固液分离设备和污水处理设施的生猪、肉牛等养殖场。

4. 粪污能肥综合利用技术

(1) 技术内涵。以能源化肥料化综合利用为目标,依托专门的畜禽粪污处理企业,收集周边养殖场粪便和污水,投资建设大型沼气工程,进行高浓度厌氧发酵。沼气发电上网或提纯生物天然气,沼渣生产有机肥农田利用,沼液农田利用或深度处理达标排放。

(2) 技术特点。对养殖场的粪便和污水集中统一处理,减少小规模养殖场粪污处理设施的投资,专业化运行,能源化利用效率高。一次性投资高,能源产品利用难度大,沼液产生量大集中,处理成本较高,需配套后续处理利用技术设备。

(3) 技术流程。与粪污全量收集还田利用技术类似,也包括适宜规模养殖场的综合利用模式和适宜中小规模养殖场的第三方处理利用模式。一般将区域内畜禽粪污统一收集、集中处理,通过大型沼气工程生产沼气。沼气发电并网或提纯后进入天然气管网,沼液进行固液分离,固体部分生产有机肥销售,液体部分就近还田利用或制成水溶肥。

(4) 适宜范围。适用于规模大的养殖场或养殖密集区,尤其适宜于具备沼气发电上网或生物天然气进入管网条件的地区。

3.3 饲料化利用技术

玉米秸秆、花生蔓、尾菜等富含粗纤维,是反刍动物粗饲料的重要来源;鸡粪、牛粪等营养较丰富,也有一定的饲料利用价值。秸秆和尾菜等因粗纤维含量高,粗蛋白、粗脂肪含量低,直接饲用消化率低,通过微贮(利用微生物厌氧发酵提高秸秆饲料价值,包括青贮、黄贮等)、膨化和压块等生物、物理方法转化为动物粗饲料(图 3-9),可有效改善适口性,增大容重,提高反刍动物采食量,提高瘤胃微生物对粗饲料中有机物的降解率。鸡粪中含有寄生虫卵和病菌,经适当发酵处理并与精饲料混配成型后,可用于养鱼等。

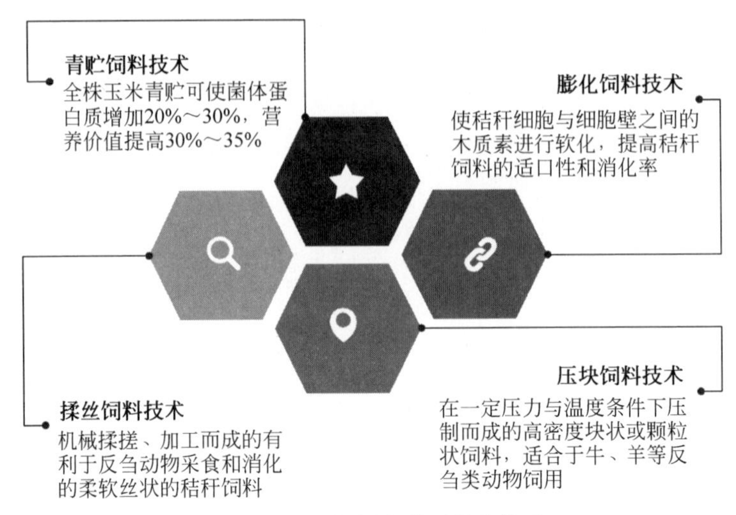

图 3-9 秸秆饲料化利用技术体系

3.3.1 秸秆青贮饲料技术

1. 什么是秸秆青贮饲料

青贮是指把青绿多汁的青饲料(鲜玉米秸秆、牧草等)在厌氧的条件下经过微生物发酵保存起来的方法。一般将粉碎后的青绿秸秆压实封闭,在厌氧条件下进行乳酸菌发酵,这是一个微生物菌群消长变化和复杂生物化学反应过程。乳酸菌发酵可消耗残留氧气抑制杂菌繁殖,同时,在乳酸菌作用下秸秆中的糖分不断转化成有机酸,酸度增加也会抑制霉菌和腐败菌等微生物的生长繁殖,阻止秸秆营养成分破坏和变质等。秸秆青贮周期一般不短于 45 天,全株玉米青贮可使菌体蛋白质增加,营养价值明显提高。

2. 技术优势

(1) 适口性好。新鲜的玉米秸秆嫩绿多汁,含糖分高,水分足,容易消化。青贮后玉米秸秆可保持鲜嫩青绿,并变得柔软多汁。青贮饲料含有一种芳香的酸甜味,适口性较好,大多数牛羊喜欢采食,能够促进牛羊生长发育。

(2) 营养丰富。玉米秸秆自然风干后营养物质损失达 30%～40%,而玉米秸秆青贮后是一种经济实惠的青绿多汁饲料,可有效减少营养成分和微量元素损失。

(3) 利用率高。秸秆青贮过程中,乳酸菌的发酵作用使秸秆变得柔软多汁,部分秸秆中糖分提前转化成有机酸，相当于秸秆在青贮过程中已有部分营养物质被消化，可有效提高动物采食秸秆的消化吸收率，降低饲养成本。

(4) 贮存时间长。青贮秸秆在密封环境中长期保存，不会变质发霉，管理得当可以保存多年，保障养殖场优良多汁饲料的周年供应。同时，青贮饲料经过发酵后，寄生虫及其虫卵被杀死，可有效预防动物寄生虫病的发生。

3. 青贮设施

青贮设施一般可分为青贮窖、青贮壕、青贮塔、裹包青贮等。

(1) 青贮窖。一种最常见、最理想的青贮设施。虽建设期一次性投资较大，但窖体基础设施坚固耐用，使用年限长，可常年生产且贮藏量大，一般适用于青贮饲料使用量大的大中型规模化养殖场。

(2) 青贮壕。建造技术简易，成本低，但饲草损失率相对较高，不适于地下水位高、气候潮湿多雨的地区应用。

(3) 青贮塔。占地面积小，填装时需要专用物料提升等机械，一次性投入与运营成本偏高，适用于机械化程度高、土地资源紧张、饲养规模较大且经济条件较好的饲养场。

(4) 裹包青贮。将粉碎好的青贮原料压实打捆，然后通过裹包机用拉伸膜包裹起来，形成厌氧发酵环境(图 3-10)。裹包青贮适用于青贮饲料使用量较小的农户或中小规模养殖场，也可用于青贮加工后饲料需要长距离运输的情况。

图 3-10　秸秆裹包青贮

4. 操作规程

以青贮窖为例，秸秆青贮操作规程如下：

(1) 秸秆收割。玉米籽粒乳熟后期其营养价值最高，玉米秸秆含水率一般为 70%～80%，是制作青贮饲料的理想条件。秸秆含水量过低，装窖时不易压实，存留空气会使霉菌、腐败菌等大量繁殖，致使青贮饲料霉烂变质。含水量过高会产生大量渗出液，导致部分营养物质损失，同时不利于抑制梭菌发酵，从而降低青贮饲料品质。

(2) 粉碎入窖。饲料青贮作业一旦开始，运输、切碎、装窖等工序要同时进行，快速装窖和封顶有利于提高青贮饲料品质。秸秆切碎长度一般 3～4cm 为宜，切断后便于压实排出空气。切碎可以使玉米秸秆释放更多汁液，为乳酸菌活动提供营养物质。装窖前，青贮窖底部应铺设一层切断的干草，用于吸收多余的汁液和水分。

(3) 压实封严。秸秆入窖时，应分层装入，每层必须压实，尤其是要注意踩实青贮窖四周及边角，一般每装 30～50cm 压实 1 次。青贮窖满后，应盖上切断的干草，厚度 20cm 左右，然后在干草上加盖一层塑料薄膜并加土压实，堆成馒头状。

(4) 开封取用。应从一端开始取用，现取现用，一取到底，逐步推进。每次取出后，应将塑料薄膜覆盖在青贮饲料茬面上，防止风吹淋雨。上层随取用进度逐步清土揭膜，切勿全部清土揭膜在表层取用，防止因取用方法不当，出现二次发酵霉变。

5. 影响要素

秸秆青贮的关键是促进乳酸菌生长繁殖。青贮过程中要为乳酸菌繁殖提供有利条件，保证短时间内滋生繁殖大量乳酸菌，其影响要素主要包括以下四方面。

(1) 厌氧环境。乳酸菌生长繁殖需要隔绝氧气，厌氧环境是秸秆青贮最关键的因素。用于青贮的秸秆应尽量切碎，并装填时压紧压实，减小秸秆间空隙。秸秆压实度不足或密封不严，会致使好氧杂菌繁殖滋生，影响青贮饲料品质。

(2) 水分。青贮饲料的品质与原料含水率也有较大关系。水分含量过高，会使原料中的营养物质渗出，导致营养流失和梭菌发酵，影响饲料品质。水分含量过低，原料不易压实，夹杂空气增多，好氧菌大量繁殖，从而导致饲料霉质，同时还会抑制乳酸菌生长。

(3) 温度。温度在 20～30℃时乳酸菌生长繁殖较快。青贮过程中温度过高，会使乳酸菌停止活动，并造成原料中的维生素破坏，糖分流失，影响青贮饲料品质。青贮填料过程要尽可能短，一般应在 1～2 天内完成，快速装填和有效压实能够预防好氧发酵生热。

(4) 作物生长期。全株玉米的营养价值与其生长阶段密切相关，研究表明，乳熟期和蜡熟期全株玉米的茎、叶纤维化程度低、水溶性碳水化合物含量较高，最适合收割青贮。

知识链接 9——

秸秆微贮饲料技术相关术语释义

（1）秸秆青贮技术：将糖分含量较高且经粉碎、压实后的鲜嫩秸秆，在密封绝氧环境中发酵产酸，以保存和提高其营养价值的粗饲料生产技术。青贮后秸秆更柔软，木质结构变疏松，可明显提高秸秆饲料的适口性，增加动物进食量和消化吸收率。

（2）秸秆黄贮技术：秸秆黄贮技术与秸秆青贮技术类似，但也有本质不同。秸秆黄贮技术指玉米完全成熟并收获后，将其秸秆进行铡碎，通过添加适量水和生物菌剂，在厌氧环境中贮藏发酵的粗饲料生产技术，可有效改善秸秆饲料品质。

（3）秸秆微贮技术：将秸秆等原料置入密封绝氧环境中，利用微生物厌氧发酵加工粗饲料的技术，可提高秸秆饲料的适口性和消化率。根据贮存设施类型，微贮可分为窖贮、堆贮、包贮和袋贮等。秸秆青贮技术和秸秆黄贮技术均应用微生物厌氧发酵原理加工粗饲料，因此，两者均属于秸秆微贮技术。

3.3.2　秸秆膨化饲料技术

1. 什么是秸秆膨化饲料

秸秆膨化饲料是应用挤压膨化技术加工而成的饲料。秸秆膨化后还可以进一步加工成颗粒或微贮饲料。秸秆挤压膨化技术工艺比较简单，将加水调制后的秸秆放入挤压机，利用挤压腔中螺杆、套壁与秸秆之间的挤压、摩擦和剪切，以及高温高压条件下产生的蒸汽，使秸秆细胞与细胞壁之间的木质素软化，可有效提高秸秆饲料的适口性和消化率。

2. 技术特点

（1）适口性好。秸秆经膨化加工处理后，糊化度较高，具有独特香味和蓬松口感，能够刺激草食动物食欲，诱食效果良好。

（2）吸收率高。秸秆经膨化处理后，其中的蛋白质和脂肪等有机物的长链结构转变为短链结构，可增大动物的消化吸收率。

（3）安全卫生。秸秆经高温高压条件下的膨化处理后，有效地脱除热敏毒素和抗营养因子，防止肉牛腹泻、胃肠炎等疾病。

膨化饲料具有多方面的优势，但挤压膨化处理会在一定程度上破坏秸秆中的维生素和氨基酸，导致营养损失。秸秆膨化加工效率低、能耗大，生产成本相对较高。

3. 膨化工艺

秸秆挤压膨化饲料加工主要包括清选、粉碎、调质、挤压膨化、冷却等工艺过程。

(1) 清选。去除秸秆中的砂石、铁屑等杂质,防止损坏机器和影响膨化质量。

(2) 粉碎。利用锤片式粉碎机进行粉碎,减小秸秆粒度可有效提高膨化效率。

(3) 调质。将粉碎的秸秆放入调质机中调质,根据不同秸秆膨化加工对含水率的要求,合理加水调湿并搅拌均匀,提高秸秆膨化加工性能。

(4) 挤压膨化。将调质好的秸秆送入膨化机挤压腔,在螺杆挤压和高温高湿复合作用下,完成秸秆膨化加工。

(5) 冷却。制成的秸秆膨化饲料置于空气中冷却后,装袋封存。

3.3.3 秸秆压块饲料技术

1. 什么是秸秆压块饲料

秸秆压块饲料是以机械铡切或粉碎的玉米秸秆、豆秸、花生秧等为主要原料,混配必要的其他营养物质后,在一定压力与温度条件下压制而成的高密度块状或颗粒状粗饲料,适用于牛、羊等反刍类动物饲用。

2. 技术特点

(1) 储运成本低。与自然堆放的秸秆相比,压块饲料密度可提高10～15倍,便于长期贮存和远距离运输。

(2) 采食率高。高温高压成型过程可使秸秆中的半纤维素和木质素撕碎变软,并具有一定的糊化度,可提高饲料的适口性和采食率,利于动物消化吸收。

(3) 使用方便。秸秆压块饲料运输和饲喂方便,被称为牛羊的“压缩饼干”或“方便面”,在应对草原地区冬季雪灾和夏季旱灾方面具有独特的作用。

3. 技术规程

秸秆压块饲料加工主要包括晾晒、除杂、切碎、混配、压块等工艺过程。

(1) 晾晒。秸秆收割后应适当晾晒,达到合适的含水率。

(2) 除杂。去除秸秆中的金属、石块等杂物。

(3) 切碎。采用铡切或破碎设备将秸秆切碎，长度一般以 3～5cm 为宜。

(4) 调质混配。若生产全价饲料，需在压块成型前混配其他营养物质。含水率不足时，需要适当补充水分，以提高秸秆饲料成型效果。

(5) 压块。采用专用成型设备，将预处理后的原料挤压成型，由于挤压摩擦生热，成型模块出口温度一般可达到 100℃左右，秸秆具有一定的糊化度。

(6) 装包。对压块饲料进行冷却和适当晾晒，然后计量称重，对接装包。

3.3.4　秸秆揉丝饲料技术

1. 什么是秸秆揉丝饲料

秸秆揉丝饲料指采用专用揉搓设备，将玉米、小麦等作物秸秆加工成的有利于反刍动物采食和消化的柔软丝状粗饲料。揉丝是一种秸秆饲料物理处理方法，秸秆揉丝后还可以打包微贮或晾晒成干草，进一步提升其饲用价值。

2. 技术特点

秸秆揉丝加工是一种简单、高效、低成本的加工方式，能耗较粉碎成型加工低，揉丝秸秆直接饲喂吃净率可达 90%以上。秸秆揉丝后破坏了其表皮结构，增大了水分蒸发面，可大幅缩短饲草晾晒时间，且基本不破坏秸秆营养成分。

秸秆揉丝加工可分离秸秆中的纤维素、半纤维素与木质素，丝状秸秆能够有效延长饲草在反刍动物瘤胃内的停留时间，有利于动物消化吸收，提高秸秆采食量和消化率。

3. 技术规程

秸秆揉丝后包膜微贮是目前很重要的一种方法，其工艺流程主要包括原料准备、机械揉搓、菌种添加、打捆压实和裹包微贮等环节。

(1) 原料准备。对秸秆进行必要的除杂、晾晒或加水处理。

(2) 揉丝加工。使用专门机械对秸秆进行压扁、挤丝、揉搓等精细加工，变横切为纵切，破坏秸秆表面的硬质茎节，将秸秆加工成柔软丝状物。

(3) 菌种添加。先将菌剂倒入水中充分溶解，然后在常温下放置 1～2h 复活，将其均匀喷洒在秸秆草丝上，并充分搅拌。

(4) 打捆压实。采用打捆机将秸秆草丝压缩成型，一般打成圆包，通过挤压最大限度地减少秸秆捆中的空气量。

(5) 裹包微贮。用青贮塑料拉伸膜包裹秸秆捆，在密封绝氧发酵环境中进行微贮。

上述各工序应连续进行，尽可能缩短秸秆在空气中的暴露时间。

3.3.5 鸡粪饲料化利用技术

1. 什么是鸡粪饲料

鸡饲料是配方全价饲料，营养成分较全，另外，鸡的消化道较短，饲料在消化道内无法长时间停留，饲料消化吸收率较低，大量营养物质随鸡粪排出体外(图 3-11)。鸡粪中含有多种营养成分，包括粗蛋白质、粗脂肪、无氮浸出物、粗纤维等，此外，还含有丰富的磷、钙、B族维生素，以及铁、铜、锌、镁、锰等微量元素。鸡粪加工后具有一定的饲用价值。

图 3-11 鸡粪晾晒现场

2. 鸡粪饲料加工方法

(1) 干燥法。将新鲜鸡粪收集起来，采用自然干燥法将其平摊在水泥地面或塑料布上，不断翻动，自然风干或晒干，干燥速度越快越好。水分降低到 12%～14%时，粉碎后装袋备用。除自然干燥法，也可用机器烘干，该方法干燥快，灭菌彻底，但耗能和养分损失较大。

(2) 分解法。利用鸡粪养殖蚯蚓、蝇、蛆、蜗牛等，既能无害化处理鸡粪，又能提供营养价值高的动物性蛋白质，是一种经济和生态效益显著的鸡粪饲料化利用方法。

(3) 发酵法。在正常鸡粪(病鸡粪不可使用)接种微生物，进行厌氧发酵，发酵后的鸡粪可以饲喂多种动物。

3. 鸡粪饲料的应用

(1) 水产养殖。在水产养殖方面，我国农村地区有畜禽粪便喂鱼的传统，农民一般把收集的畜禽粪便直接倒入鱼塘喂鱼。鸡粪经干燥法或发酵法处理后，利用配方饲料技术制成的专用鱼饲料，可更好地应用于水产养殖。

（2）反刍动物养殖。反刍动物对鸡粪的利用率高，经过处理的干鸡粪可以与其他饲料调制成精饲补充料，饲喂山羊、肉牛、肉羊等。

（3）家兔饲喂。干鸡粪可替代部分精饲料饲喂家兔。

3.4 能源化利用技术

农业固体废物是生物质能源的重要来源，我国秸秆、果树剪枝、稻壳等农林生物质量大面广，其热值可达到14～20MJ/kg；畜禽粪便中也含有大量有机物，一般通过生物转化等可生产清洁能源产品。生物质能是唯一具有减碳、碳中和功能的能源，也是地球上唯一可再生碳源，农业固体废物能源化利用可部分替代化石能源，有效减少温室气体排放。农业固体废物能源化利用是指采用物理、化学或生物等技术手段，将农业固体废物转化为成型燃料、生物柴油、热解气、沼气或热力、电力等能源产品的过程，技术体系如图3-12所示。

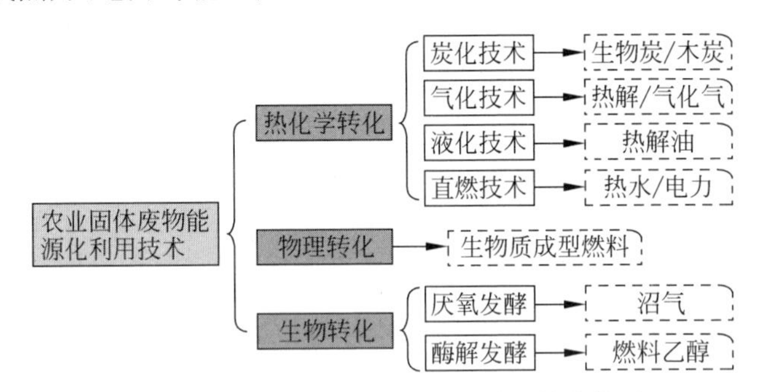

图3-12 农业固体废物能源化利用技术体系

3.4.1 沼气技术

1. 什么是沼气技术

沼气技术又称为厌氧发酵技术，是指粪便、秸秆等有机农业固体废物在一定水分、温度和厌氧条件下，通过微生物分解代谢，最终形成以甲烷为主的混合可燃气体的过程。沼气主要由甲烷和二氧化碳组成，也含有少量的氢气、硫化氢和氨气等。

沼气组分主要取决于发酵底物、工程技术和发酵条件等。沼气的形成过程如图3-13所示，一般可分为水解、酸化、产乙酸和产甲烷4个阶段，水解发酵菌群将复杂有机物水解成小分子化合物，产氢产乙酸菌群将水解阶段产生的多种有机酸分解成乙酸和氢气，产乙酸阶段同型产乙酸菌起主导作用，将氢气和二氧化碳转化为乙酸，产甲烷阶段产甲烷菌将二氧化碳、氢气和乙酸等转化为甲烷。

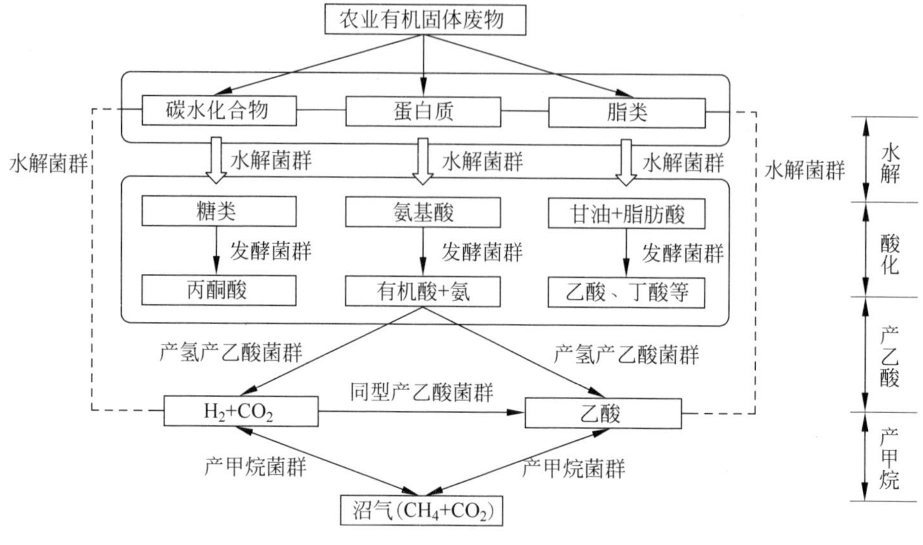

图 3-13　沼气发酵过程原理图

2. 技术优势

以农业固体废物为原料的沼气工程上联养殖业，下联种植业，可实现有机农业固体废物肥料化能源化综合利用，是发展生态循环农业的重要纽带。沼气作为清洁、可再生能源产品，替代部分化石能源，可减少二氧化碳等温室气体排放。沼渣沼液等可为农业生产提供优质有机肥料，提高农产品品质，推动农业节本增效，助力农业绿色可持续发展。

3. 工艺分类

根据发酵温度可分为常温、中温和高温厌氧发酵；根据投料运转方式可分为连续和序批式厌氧发酵；根据发酵物料的含固率可分为湿式和干式厌氧发酵；根据整个反应是否在同一反应器内可分为单相和两相厌氧发酵等。

(1) 单相和两相厌氧发酵

单相厌氧发酵工艺是指厌氧发酵的整个过程在一个反应器内发生，即水解、产酸、产甲烷过程都在同一反应器内完成。单相厌氧发酵工艺简单，设备运转维护费用低，经济性方面具有优势。目前，绝大多数沼气工程采用的是单相厌氧发酵工艺。

两相厌氧发酵工艺是指水解酸化和产甲烷分别在独立反应器内进行的工

艺。该工艺通常用来处理容易酸化的物料，由于这类原料的水解产酸速率较快，为了避免有机酸积累导致的产甲烷抑制，水解酸化和产甲烷分别在产酸反应器和产甲烷反应器中完成。

(2) 湿式与干式厌氧发酵

通常将发酵料液含固率低于15%的厌氧发酵工艺称为湿式厌氧发酵，将含固率大于或等于15%的厌氧发酵工艺称为干式厌氧发酵工艺。

湿式厌氧发酵工艺具有有机质转化率高、产气稳定、工艺成熟等特点，是目前主流的厌氧发酵工艺。其中，完全混合式厌氧反应器(continuous stirred tank reactor，CSTR)在畜禽粪便、餐厨垃圾、农作物秸秆等有机固废厌氧发酵方面应用最广泛。此外，还有上流式厌氧污泥床(up-flow anaerobic sludge blanket，UASB)、高浓度塞流式(high concentration plug flow，HCF)、升流式固体反应器(up-flow anaerobic solid reactor，USR)等。

干式厌氧发酵工艺具有原料处理量大、适用范围广、容积产气率高、沼液产生量少等特点，是有机固体废物处理及资源化利用的重要方式之一。干式厌氧发酵工艺由于物料流动性差、输送搅拌困难、传质传热不均，致使运行不稳定，相关技术发展成熟度总体不高。常用设备包括竖推流式、横推流式、车库式和覆膜槽式等。

(3) 常温、中温和高温厌氧发酵

温度是厌氧发酵过程中重要的影响因素，厌氧菌群特别是甲烷菌对温度变化十分敏感。一般把厌氧发酵划分为常温发酵(8～26℃)、中温发酵(28～38℃)和高温发酵(46～65℃)。常温发酵也称低温发酵，中温发酵最适温度约为35℃，高温发酵最适温度约为55℃。

4. 沼气应用

目前，我国户用沼气主要用于农村炊事，大中型沼气/天然气工程主要用于集中供气供暖(城镇管道生物燃气)、燃气发电(热电联产)和车用燃料等。

(1) 农村炊事。我国户用沼气最高峰时达到4200万户，历史上曾解决了2亿多农民炊事、照明等生活用能，促进了农村家庭用能的清洁化、便捷化。目前，户用沼气在部分农村地区供气、供热、炊事等方面仍然发挥着重要作用。

(2) 集中供气供暖。以大中型沼气工程为依托，集中生产的沼气通过燃气管网输送到农户家中，采用壁挂炉冬季取暖，使用安全方便。

(3) 燃气发电。大型沼气工程采用的一项沼气利用技术，通过燃气发动机、发电机等将沼气转化为电能，发电余热可用于供暖。

(4) 车用燃料。沼气经净化提纯后制备生物天然气并用作车用燃料，在瑞士、德国等欧洲国家应用相对成熟、广泛，我国生物天然气工程也形成了一定规模。

5. 沼渣与渣液利用

(1) 固体有机肥。沼渣富含有机质、腐殖质、微量元素、氨基酸、酶类和有益微生物，并且质地疏松、保墒性能好、酸碱度适中，腐熟处理后沼渣具有良好土壤改良作用。

(2) 液态有机肥利用。沼液中富含氨基酸、维生素、蛋白质、生长素、糖类等，可用于浸种、叶面喷肥，也可用于制作无土栽培母液或种养花卉等。沼液肥生产工艺流程如图 3-14 所示。使用过程中，沼液用量过大会造成烧苗现象。

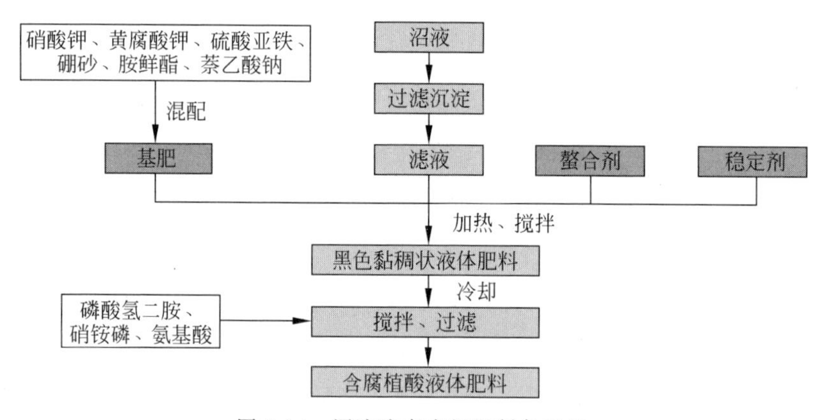

图 3-14 沼液液态有机肥制备工艺

3.4.2 生物质成型燃料技术

1. 什么是生物质成型燃料技术

生物质成型燃料是以果树剪枝、秸秆等农业固体废物为主要原料，经过粉碎、烘干、成型等工艺，加工而成的具有规则几何形状和较大密度的颗粒状、块状或棒状燃料。

粉碎后的细碎生物质原料压缩成型过程大致可分为物料填充、致密成型和应力松弛等阶段。秸秆等农林生物质主要由纤维素、半纤维素、木质素及树脂、蜡等组成，其中木质素被认为是生物质固有的良好黏结剂。木质素属于非晶体，没有熔点但有软化点，当温度达到 70～110℃时软化，黏合力增加，在压力作用下可与纤维素、半纤维素等黏结。

2. 技术优势

生物质成型燃料是农村居民供暖和园区供热的重要替代能源。生物质成型燃料技术优势主要体现在以下方面：①清洁低碳。生物质成型燃料硫和灰分含量低，全生命周期二氧化碳近零排放。②燃烧性能好。生物质成型后，火力更持久，炉膛温度更高，燃烧效率可达到98%以上。③运输和使用方便。与原料相比，生物质成型燃料体积缩小6～8倍，密度达到800～1400kg/m^3，能减少存储和运输成本，并且使用方便。④应用范围广。生物质成型燃料可应用于工农业生产供热，农村生活供暖、炊事，以及直燃发电等。

3. 生产工艺

根据成型条件，可分为热压成型、常温湿压成型、冷压成型和炭化成型等工艺。

(1) 热压成型。成型时的加热温度一般为150～300℃，受热软化或熔融的木质素黏接性能明显增加，改善了成型效果。另外，成型燃料外表层被炭化，可防止脱模时表面粘连，能够有效减少挤出时的动力消耗。热压成型是目前普遍采用的生物质压缩成型工艺。

(2) 常温湿压成型。在常温下对纤维类原料进行水解处理，即把纤维素含量较高的原料放入水中浸泡数日，使纤维变软、湿润皱裂，一部分开始降解，然后再压缩成型。该工艺适合利用含水率较高的原料生产密度较低的块状生物质成型燃料。

(3) 冷压成型。在常温下，采用较高的强度对生物质挤压成型，挤压过程产生的热量可使生物质中木质素产生柔化粘连。为降低能耗，有时会在成型过程中加入一定量的黏结剂。

(4) 炭化成型。生物质经炭化或烘焙处理后，可去除部分挥发分，减少烟气味，提高燃烧清洁性和热值。目前主要有两种炭化成型工艺，一是先成型后炭化，工序为原料粉碎、干燥、成型、炭化、烘干、包装等；二是先炭化后成型，工序为原料粉碎、炭化、混配、成型、烘干、包装等。先炭化后成型工艺一般需要适当添加黏结剂，如脲醛树脂、水玻璃、糠醛废渣、硼砂、木质素类等。

4. 设备分类

根据成型部件结构，可分为螺旋挤压、活塞冲压和辊模压缩3种类型生物质成型设备，其性能特征见表3-1。

表 3-1 各类生物质成型设备特点

项　目	活塞冲压	螺旋挤压	环模成型	平模成型
原料含水率/%	8～18	6～25	8～15	10～20
部位磨损	撞头和模子较易磨损	螺旋头易磨损	环模、压辊易磨损	平模、压辊较易磨损
生产形式	序批式	连续式	连续式	连续式
成型密度/(g/cm^3)	0.8～1.1	0.8～1.3	0.8～1.3	0.8～1.1
维修费	高	较低	高	较高
产品质量稳定性	较稳定	稳定	很稳定	稳定
单机产量/(kg/h)	50～500	150～400	1000～15000	100～500
能耗	较高	高	较高	较高

(1) 螺旋挤压成型设备。螺旋挤压成型设备可用于冷压成型,也可用于热压成型,一般用于生产直径为 50～60mm 的空心棒状成型燃料。热压成型时,控制成型温度为 150～300℃,物料含水率为 8%～12%,利用原料中的木质素受热软化黏结成型。用于冷压成型时,一般加入一定量的黏结剂,生产取暖、炊事、烧烤用型炭或污水处理用活性炭棒。

(2) 活塞冲压成型设备。在一定温度和压力下,采用冲压杆挤压物料,使其内部胶合、外部焦化,最后从套型筒中挤出棒状或块状成型燃料。按驱动动力类型,可分为机械驱动式冲压成型和液压驱动式冲压成型。该类设备属于间歇序批式成型技术,占地面积和噪声相对较大,产品稳定性较差,一般用于生产尺寸较大的块状或棒状成型燃料。

(3) 辊模压缩成型设备。辊模式成型机分为环模成型和平模成型两种类型,如图 3-15 所示,其核心部件均为压模与压辊。在压模、压辊组合作用下原料经模孔挤出成型,成型压力大,一般以冷压成型为主。辊模式成型设备原料适应性较强,自动化程度高,单机产量大,适于规模化生产,以生产颗粒状和块状成型燃料为主。

图 3-15 辊模式生物质成型设备

5. 产业发展趋势

（1）工程集成基础上适度规模化。随着技术不断进展，生物质成型燃料产业从传统单机生产逐步向高度集成的工业化生产线方向发展，装备化、自动化水平和清洁生产能力将不断提高。原料一体化收集、低能耗粉碎、高效成型和清洁燃烧等技术设备全面配套，但受原料和产品长距离运输成本较高等因素制约，适度规模经营是产业发展重要方向。

（2）社会分工基础上稳步市场化。从原料收集、储存、预处理到成型燃料生产、产品配送和应用，生物质成型燃料产业链条长，各环节运营管理方式存在明显不同，各环节专业化分工是生物质成型燃料产业发展的必然趋势。同时，“双碳背景”下积极引导资金实力强、经营管理经验丰富的企业投资，走市场化的发展道路是产业发展的内在要求。

（3）标准生产基础上运营专业化。随着产业化发展水平的不断提高，设备与产品的标准化与运营的规范化水平明显提升。进一步完善生物质成型燃料技术设备、产品质量和工程建设等标准体系，走设计标准化、队伍专业化、运营规范化的产业发展之路，是促进生物质成型燃料产业内涵式健康快速发展的必由之路。

3.4.3 生物质热解技术

1. 什么是生物质热解技术

生物质热解指在绝氧或低氧环境中通过有机组分受热分解生产生物炭、热解油和热解气的过程（图 3-16），属生物质热化学转化技术，主要包括传统缺氧条件下的自燃闷烧炭化（烧炭）工艺、绝氧外加热条件下的慢速热解炭化（干馏）工艺等。热解产物一般包括生物炭、热解气、热解油和木醋液等，控制反应温度、升温速率、气相停留时间等热解条件，可改变各类热解产物的产率和理化性质。

图 3-16　生物质热解气和型炭产品

生物质热解过程非常复杂，既包括热量传递、物质扩散等传热传质物理过程，也包括生物质大分子化学键断裂、异构化、小分子聚合和官能团重排等化学过程。常速热解一般可分为以下过程：①干燥阶段（<150℃）：原料在反应器内吸收热量，水分蒸发逸出，有机质内部化学组成几乎没有变化；②挥发热解阶段（150～300℃）：大分子化学键发生断裂与重排，形成并释放有机质挥发分，少量挥发分的静态渗透式扩散燃烧，逐层为物料提供热量支持分解；③全面热解阶段（>300℃）：物料发生剧烈的分解反应，产生焦油、乙酸等液体产物和甲烷、乙烯等可燃气体，大部分挥发分析出后即得到主要由碳和灰分组成的生物炭。

2. 技术分类

（1）慢速热解技术。一般以果树剪枝等林业剩余物为原料，采用慢速热解工艺生产木炭。生物质在极低升温速率（<10℃/min）、较低热解温度（<500℃）等条件下长时间（几小时至几天）热解，以最大限度提高木炭产率，木炭产率一般可达到35%（质量分数）左右。慢速热解技术一般也被称为热解炭化技术。

（2）常速热解技术。一般以农作物秸秆或林业剩余物等为主要原料，采用常规热解工艺联产生物炭、热解气和热解油等。生物质在较低升温速率（10～100℃/min）和适中热解温度（550～700℃）等条件下热解，反应器内气相停留时间一般控制在0.5～5s。常速热解技术一般也被称为热解炭气液联产技术。

（3）快速热解技术。磨细后生物质在常压、超高升温速率（1000～10000℃/s）、超短气相停留时间（0.5～2s）和适中热解温度（500～650℃）等条件下快速热解，气相产物快速冷凝可最大限度地提高热解油产率。生物质热解油组分复杂，一般采用除杂和精制等工艺提高其利用价值。快速热解技术也被称为热解液化技术。

知识链接10——

热解联产产物相关术语释义

（1）生物炭（biochar）：指生物质在绝氧或缺氧条件下受热分解形成的稳定、难溶、高度芳香化并富含碳素的固态物质，具有比表面积大、孔隙发达等特点，可用于改良和修复土壤，其农用价值引起了国内外相关学者的高度关注。

（2）生物质热解气（pyrolysis gas）：指生物质在绝氧或缺氧条件下热解产生的不可冷凝挥发成分，主要包括一氧化碳、二氧化碳、氢气、甲烷、乙烯、乙炔等，低位热值一般为5～20MJ/Nm^3，可用于炊事、供暖或发电等。

(3) 木焦油(bio-tar)：指生物质在绝氧或缺氧条件下热解产生的可冷凝性挥发成分的油相部分，通常为深褐色黏稠状液体，低位热值一般为14～18MJ/kg。其组成既包括醇类、呋喃类、酚类等轻质成分，也包括糖类、木质素衍生低聚物和多环芳烃等重质成分。木焦油可用于提取呋喃、酚类等化学品，也可经催化脱氧脱酸处理生产轻质液体燃料。

(4) 木醋液(vinegar-like fracation)：指生物质在绝氧或缺氧条件下热解产生的可冷凝挥发成分的水相部分，通常为淡黄色透明液体，富含酸、醇、酚、醛、醚等有机化合物及少量金属元素，经粗制与精制后，在农业、医药卫生等领域具有较高的利用价值。

3. 热解联产技术优势

生物质热解联产一般以常速热解气炭联产技术为依托，通过相关技术集成，生产清洁燃气、生物炭、热解油、木醋液等多种产品，其工艺过程如图3-17所示。热解气清洁、可再生是农村地区散煤的重要替代能源。生物炭混配成型后生产的型炭是高品质能源产品，同时，生物炭也可用于改良土壤、培肥地力、增加土壤碳汇等。

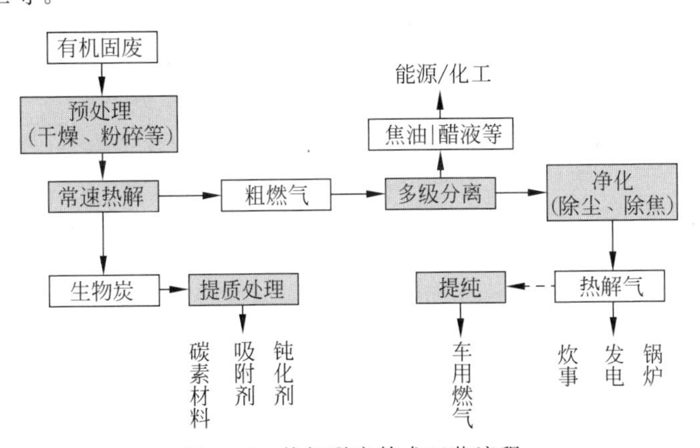

图3-17　热解联产技术工艺流程

热解联产技术优势主要体现在以下几方面。

(1) 生产效率高。热解联产技术属热化学转化技术，与物理和生物转化方式相比，具有更好的原料适应性、更快的反应速率和更高的生产效率等。

(2) 产品价值高。与其他热化学转化技术相比，生物质热解联产技术产品形式多样，高值转化利用潜力大，能够满足多元化产品市场需求。

(3) 减排效益好。热解联产技术可实现农业有机固体废物或生物质的能源化资源化综合利用，如生物炭肥料化和热解气能源化综合利用，具有显著的固碳减排效益。

4. 常速热解设备

由于物料干燥与挥发热解阶段为吸热过程，需要有热源才能使热解反应顺利进行，按照供热方式常速热解技术分为外热式、内热式两大类。一般而言，内加热式热解设备热利用效率更高，但热解气品质受到较大影响。

生物质常速热解设备可分为固定床式和移动床式两类，其技术特点见表 3-2。固定床常速热解设备包括窑式和热解釜式两类，为间歇性生产设备；移动床生物质热解设备包括横流移动床和竖流移动床两类，可实现连续热解。与固定床技术相比，移动床技术(图 3-18)能够连续生产，具有生产率高、过程控制方便、产品品质相对稳定等优点，代表了生物质常速热解技术的未来发展方向。

表 3-2　生物质常速热解设备分类及特征

技术特征	炭化设备类型			性能评价
	传统窑式	热解釜式	连续式	
技术原理	烧炭	干馏	烧炭/干馏	烧炭工艺是生物质在低氧环境下通过自燃加热方式炭化的工艺，干馏是一种外加热无氧炭化工艺
加热方式	内加热(自燃)	外加热	外加热/内加热	主要采用自燃式内加热技术，热载体式内加热技术应用较少
热解床结构类型	固定床	固定床	移动床	固定床设备作业时料床保持相对静止，移动床设备作业时料床有序移动
进出料方式	间歇	间歇	连续	移动床设备可实现连续性生产，设备生产率相对较高
产品类型	炭	炭、气、油	炭、气、油	现代窑式设备可实现油气的部分回收
自动化水平	手动	半自动	半/全自动	连续式炭化设备自动化水平高，可实现生产过程的实时监控

图 3-18　移动床连续式热解联产设备与工程

3.4.4　秸秆打捆直燃供热技术

1. 什么是秸秆打捆直燃供热技术

秸秆打捆直燃供热技术指将打包后的农作物秸秆，采用连续或序批方式推入热水或蒸汽锅炉直接燃烧，为居民区、学校、医院供暖或产业园区供热。秸秆打捆直燃是一种由连续非均相和均相反应组成的复杂过程，属静态渗透式扩散燃烧，即先在秸秆表面发生可燃挥发分的燃烧，然后延伸至内部焦炭的渗透燃烧和扩散燃烧。连续式打捆直燃过程一般可分为干燥、挥发分析出、挥发分燃烧、焦炭燃尽 4 个阶段，各个过程相对独立又彼此渗透。

2. 设备分类

（1）序批式打捆直燃设备。将一个或数个草捆一次性装入炉膛，关闭仓门后点火燃烧，燃烧结束后由人工或清灰机械进行清灰。一次风和二次风一般分别从燃烧室上端和炉膛后墙进入，通过监测烟道气温度和氧含量控制进风量和一、二次风比例。

（2）连续式打捆直燃设备。可连续进料、连续燃烧和连续清灰，其燃烧方式与雪茄（香烟）类似，故被称为“Cigar”燃烧器。与传统的序批式燃烧设备相比，连续式打捆直燃设备燃烧效率更高（图 3-19）。秸秆灰分熔融点较低，炉膛高温易引起灰烬烧结，不利于捆烧设备除灰除渣。

图 3-19　秸秆打捆直燃供热工程

3. 秸秆打捆直燃供暖典型模式

目前，秸秆打捆直燃集中供暖用户主要集中在乡镇和城郊，如农村社区、乡镇政府、乡镇学校、乡镇医院、商铺、园区和农场等，供暖主体主要为锅炉制造公司、第三方供暖企业、农场、农民合作社及村镇集体等，主要包括以下供暖模式。

（1）“企业＋用户”合同能源管理供暖模式。秸秆直燃锅炉生产企业或第三方供暖公司与采暖用户直接签订供暖合同。“企业＋用户”合同能源管理模式的优点在于企业的专业化服务水平较高，能够为用户提供稳定、高效的服务。

（2）“合作社＋用户”集中供暖模式。由农村合作社负责原料收集、建厂、设备维护，为用户统一提供一体化供暖服务，可以充分利用农村合作社已有秸秆收集和运输车等，降低秸秆原料收集、转运成本，同时解决部分农村劳动力就业。

（3）“村集体＋企业＋农户”集中供暖模式。由村委会组织负责秸秆原料收集、厂房建设、锅炉供暖日常运行、管网维修等，由锅炉制造企业提供锅炉设备维修服务，秸秆供应保障水平高、收储成本低，工程运营安全可靠。

（4）“农场＋农户”集中供暖模式。由农场自行建设锅炉房、购进锅炉设备、建设管网、收集秸秆原料，在为农场自身提供热能尚有余力的情况下，为附近居民提供集中供暖服务，该模式可提高设备利用率，增加农场收益。

知识链接 11——

秸秆清洁供暖技术路径

近年来，我国秸秆供暖技术主要以成型燃料锅炉供暖为主，在政府组织的成型燃料锅炉供热示范项目建设推动下，全国生物质能供热为主的县级城镇已超过 100 个，成型燃料年利用量超过 1400 万吨。热电联产是根据能源梯级利用原理，将发电后的低品位热能用于供热的先进能源利用形式，秸秆发电向热电联产转型也形成了社会共识。热解联产供热也是秸秆综合利用的重要途径之一，符合秸秆资源化、能源化综合利用理念。

1. 秸秆热电联产集中供暖技术模式

利用汽轮机发电机组的余热生产热水，热水通过管网输送至附近村镇供暖。该技术模式实现了发电与供热联产，并通过能量的梯级利用，使能源利用效率大幅提高，具有很好的推广应用前景。热电联产项目投资规模相对较大，且在适宜的收购半径内应具有充足秸秆资源，供暖的村镇应比较集中，因此只适宜区域范围内的联村集中供暖。其流程如图 3-20 所示。

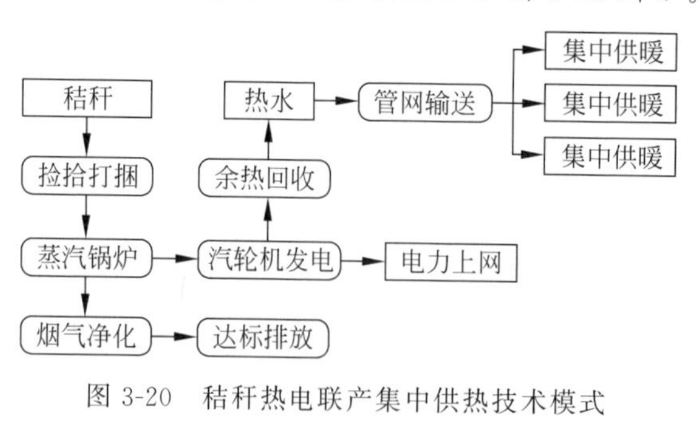

图 3-20 秸秆热电联产集中供热技术模式

2. 秸秆成型燃料锅炉供暖技术模式

秸秆经粉碎和挤压成型后，生产颗粒和压块成型燃料。颗粒燃料生产成本相对较高，但便于运输和锅炉自动上料，一般用于户用供暖更为合适。压块燃料用于村镇集中供暖，比颗粒燃料成本低。成型燃料供暖模式具有机动、灵活的特点，几乎不受地域和自然条件限制，具有广泛的适用性，但成型燃料加工能耗大，生产成本较高。其流程如图3-21所示。

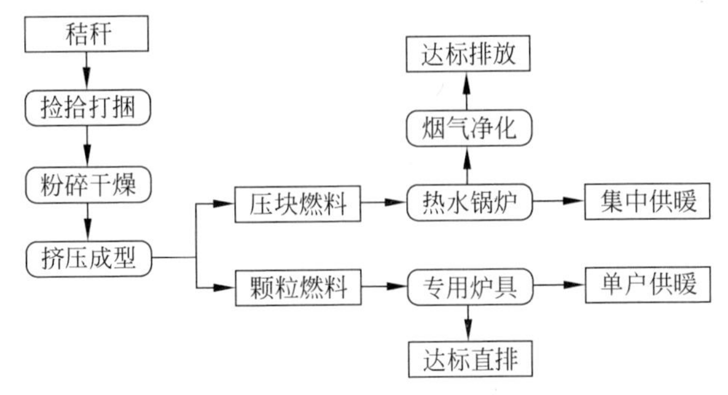

图3-21　秸秆成型燃料供暖技术模式

3. 秸秆热解联产供暖技术模式

秸秆经粉碎热解炭化后，生产热解气和生物炭，高温热解气回用燃烧产生的热风作为热解热源，剩余燃气用于生产生活热水。热解炭混配成型后生产热解型炭，型炭可用于村镇单户或集中供暖。热解型炭生产成本低、燃烧效果好、污染物排放少，是一种高品质的供暖燃料。秸秆热解联产供暖技术经热解与成型二级工序，生产工艺相对复杂。其流程如图3-22所示。

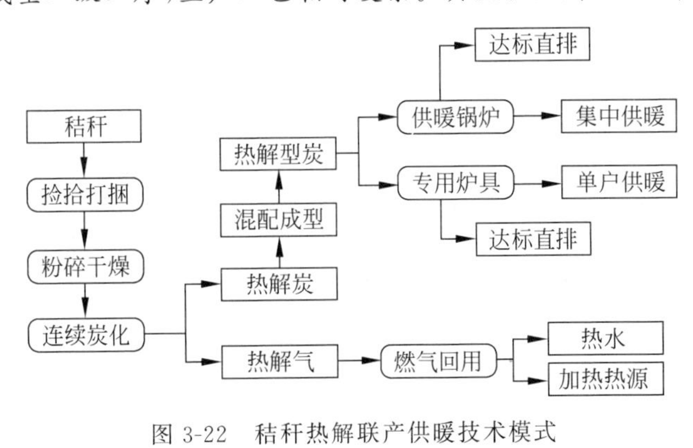

图3-22　秸秆热解联产供暖技术模式

4. 秸秆捆烧锅炉供暖技术模式

秸秆打捆后采用捆烧热水锅炉直接供暖。捆烧层燃锅炉一般用于单户供暖，链条式大中型捆烧锅炉一般用于区域集中供暖。该技术模式工艺最为简单，中间环节少，成本相对较低，但燃烧后的烟气不宜直排，要经过烟气净化系统处理达标后排放。其流程如图3-23所示。

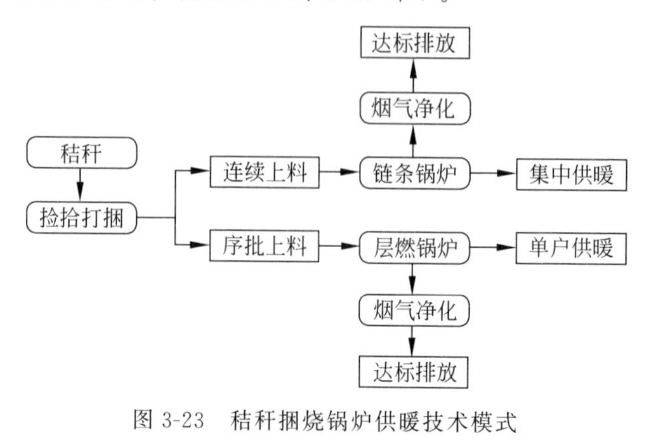

图3-23 秸秆捆烧锅炉供暖技术模式

3.4.5 生物质发电技术

1. 什么是生物质发电技术

生物质发电技术指以秸秆、果树剪枝等生物质或生物质经加工转化生产的成型燃料、热解油、沼气、热解气/气化气等为燃料的热力发电技术，常用的发电设备包括燃气轮机、汽轮机等。

2. 技术分类

按照发电技术工艺类型，可分为直燃发电、混燃发电、气化发电和沼气发电等。

(1) 直燃发电。指将秸秆等农业固体废物送入特定的蒸汽锅炉中，通过蒸汽驱动蒸汽轮机，然后带动发电机发电的过程。秸秆直燃发电技术与化石能源发电技术原理相同，依靠生物质燃烧释放出化学能，将热力转化为电力。

(2) 混燃发电。指秸秆等生物质与煤耦合发电的一种技术，主要包括直接混合燃烧、间接混合燃烧和并联混合燃烧技术。在燃煤工业锅炉中，采用秸秆等生物质来替代部分燃煤，设备改造量小。生物质与煤炭混合燃烧，既可改善燃烧特性，又可降低污染物排放。

(3) 气化发电。该技术采用热化学转化技术，用秸秆等生物质生产气化气，将净化后的气化气送入蒸汽锅炉或内燃发电组机等进行发电。气化发电采用的发电机类型包括蒸汽轮机、燃气轮机和燃气内燃机等，目前，我国使用最广泛的是燃气内燃机。

（4）沼气发电。该技术与气化发电技术类似，将净化后的沼气送入蒸汽轮机或内燃发电机等进行发电。沼气发电系统包括发酵罐、脱硫塔、储气柜、稳压箱、发电机组、余热回收系统等。

3. 发展趋势

生物质从纯发电向热电联产升级，从单一发电模式向综合能源服务转型，呈现规模化、分布式和多联产的发展趋势。近年来，各地环保执法趋紧，垃圾发电和沼气发电发展迅速。

（1）直燃发电向混燃发电方向发展。燃煤直接耦合秸秆发电是燃料灵活性改造的重要内容，在欧美国家得到广泛应用。可以利用现役大容量煤电机组，规模化处理秸秆，提升可再生能源发电量。相较于秸秆直燃发电，混燃发电可以使秸秆中的成灰碱金属和碱土金属元素得到稀释，有效解决了积灰结渣问题，提高了锅炉运行稳定性。

（2）单纯发电向热电联产方向发展。我国生物质发电项目多以纯发电为主，能源发电效率一般不超过30%，能量损失大，生物质发电项目市场竞争力不足。从国际经验来看，生物质热电联产的能源转化效率达60%～80%，比单纯发电提高一倍以上。生物质发电向热电联产方向发展，可以有效提高技术经济性和产品竞争力。

知识链接12——

我国生物质发电产业概况

1. 生物质发电装机容量

我国生物质资源丰富。目前，用于发电的燃料主要包括农林固体废物、城市生活垃圾和沼气等。根据国家能源局统计数据，2020年，垃圾焚烧发电装机占比为51.9%，农林生物质发电装机容量占比为45.1%，沼气发电装机占比仅3.0%。

2. 生物质发电量

近年来，我国生物质能发电量保持稳步增长态势。2020年，我国生物质发电量为1326亿千瓦时。从发电量结构来看，垃圾焚烧发电设备利用率最高，垃圾焚烧发电量为778亿千瓦时，占比为58.7%；农林生物质发电量为510亿千瓦时，占比为38.5%；沼气发电量为38亿千瓦时，占比为2.8%。

> 3. 生物质发电区域分布
>
> 2020年,我国已经投产生物质发电项目1353个,累计并网装机容量达2952万千瓦。全国生物质发电累计装机排名前五位的省份是山东、广东、江苏、浙江和安徽,其中,山东累计装机量为365.5万千瓦,占比为12.4%;广东累计装机量为282.4万千瓦,占比为9.6%;江苏累计装机量为242.0万千瓦,占比为8.2%。全国生物质发电发电量排名前五位的省份是广东、山东、江苏、浙江和安徽,其中,广东生物质发电量为166.4亿千瓦时,占比为12.5%;山东生物质发电量为158.9亿千瓦时,占比为12.0%;江苏生物质发电量为158.9亿千瓦时,占比为9.5%。

3.4.6 纤维素乙醇技术

1. 什么是纤维素乙醇技术

纤维素乙醇技术是采用物理、化学和生物相结合的方法,将纤维素分子打断、水解,使其稳定的大分子结构破坏"解封"为聚合度低的小分子,然后通过发酵和纯化工艺,生产液体燃料乙醇的技术。

各类生物质组分不尽相同,但糖类均以纤维素和半纤维素的形式存在。纤维素中的六碳糖和玉米淀粉中含有的葡萄糖类似,可以用传统的酵母发酵转化为乙醇。半纤维素中含有的糖主要为五碳糖,传统的酵母无法将其高效转化为乙醇,面临较大的技术挑战。

2. 生产工艺

纤维素转化为乙醇实际上是一个生物炼制过程,如图3-24所示,包括分离

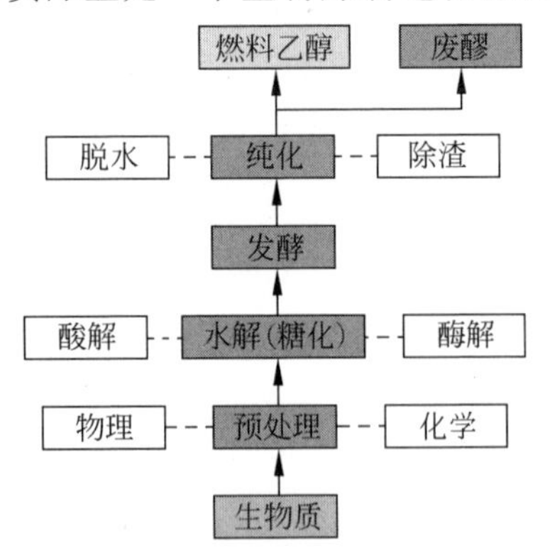

图3-24 纤维素乙醇生产工艺流程

纤维素、转化成糖和糖转化为乙醇等步骤。生产工艺可以分为预处理、水解、发酵和纯化等环节。预处理指通过物理、化学或生物法等破坏木质纤维素结构，分离或脱除生物质中木质素，增加生物质的孔隙率，增加接触比表面积和酶对纤维素的可及性，从而提高转化率。

预处理后生物质原料中的纤维素和半纤维素经酸水解或酶水解转化为单糖，然后通过微生物发酵技术，将单糖转化为乙醇。成熟的发酵醪内，除含乙醇和固体杂质外，还有大量水分。燃料乙醇脱水方法主要包括化学反应脱水法、恒沸精馏法、萃取精馏法、吸附法、膜分离法、真空蒸馏法和离子交换树脂法等，脱水后乙醇含量可达到 99.5%以上。

知识链接 13——

燃料乙醇技术相关术语释义

(1) 生物燃料乙醇技术：指采用含淀粉(玉米、小麦、薯类等)、糖质(甘蔗、糖蜜、甜高粱茎秆等)和纤维素(秸秆、林木等)等原料，经发酵蒸馏制备高纯度燃料乙醇的技术，乙醇含量一般可达到 99.5%以上，被称为“生长出来的绿色能源”。生物燃料乙醇燃料一般包括粮食燃料乙醇和非粮燃料乙醇，其中纤维素燃料乙醇是非粮燃料乙醇的一种。

(2) 粮食燃料乙醇技术：指以糖质、淀粉质的粮食和甘蔗为主要原料生产燃料乙醇的技术，也称为第 1 代燃料乙醇技术，我国第 1 代燃料乙醇技术成熟。玉米燃料乙醇生产工艺主要包括预处理、脱胚制浆、液化、糖化、发酵和乙醇蒸馏等环节，目前粮食乙醇生产过程中的淀粉转化率可达到 90%～95%。

(3) 非粮燃料乙醇技术：包括以甜高粱茎秆和木薯等非粮作物为原料的 1.5 代燃料乙醇生产技术，以及以纤维素和其他有机固体废物为原料的第 2 代燃料乙醇生产技术。1.5 代燃料乙醇技术利用作物中的糖类物质，采用生化工艺，使糖发酵生产燃料乙醇。第 2 代燃料乙醇技术通过脱除木质素，增加原料的疏松性，提高酶解效率，将纤维素和半纤维素转化为混合糖，然后再进行发酵生产乙醇。

3. 产业化问题

近年来，国内外专家学者对木质纤维转化燃料乙醇技术进行了大量研究，各工艺环节基本打通。但对于实现工业化生产来说，在原料预处理、水解(糖化)、后处理等环节仍存在重大技术瓶颈，导致处理效率低、生产成本过高，影响了纤维素燃料乙醇产业化发展。

(1) 原料预处理技术方面。木质纤维素生物结构复杂，具有强烈的抗降解性。预处理是制备纤维素乙醇产业化发展的关键步骤，稀酸蒸爆预处理、中性蒸爆预处理和氨爆预处理等方法具有工业化可行性，但仍存在处理过程复杂、能耗大、收率低等问题。

(2) 水解(糖化)技术方面。缺乏高效的纤维酶解菌株，尤其是能够同时高效利用戊糖和己糖的发酵菌株。水解用酶制剂总体上效率较低，而且价格昂贵。纤维素酶解是纤维素燃料乙醇生产成本中最高的部分。

(3) 废水处理技术方面。蒸煮预处理、醪液等纤维素燃料乙醇生产中产生的废水属于高浓度有机废水，废水处理难度大、处理成本高，也是纤维素乙醇生产的重要技术瓶颈。

4. 发展前景

当前我国生物燃料乙醇的生产以糖质和淀粉质为原料为主。但随着清洁能源需求的增加和"双碳"战略的推进，以及粮食燃料乙醇"与人争粮、与粮争地"问题的日益凸显，先进生物液体燃料技术，即 1.5 代和 2 代燃料乙醇技术，已成为现代生物技术的研究和应用热点。

3.4.7 生物质制氢技术

1. 什么是生物质制氢技术

生物质制氢主要包括化学法和生物法，其中，化学法分为气化法、热解重整法、超临界水转化法等；生物法分为光解水制氢、光发酵制氢、暗发酵制氢及光暗耦合发酵制氢等。

氢气无毒、质轻、燃烧性良好，在传统燃料中热值最高，是公认的清洁能源。在化石能源家族，氢气可用于石油产品的裂解和精制，以提升轻油收率、改善燃油品质，也可用于煤的气化和液化。近年来，氢燃料电池技术将氢能利用推向了新高度，被认为是解决未来人类能源危机的终极方案，氢的制取、储存、运输和应用技术备受关注。

2. 生物质制氢技术

根据原料来源，制氢技术大致可分为化石原料制氢、生物质制氢和其他原料制氢。煤气化法和天然气裂解法制氢是最重要的途径，占全球氢能产量的90%以上。

热化学转化制氢已实现规模化生产，但氢气得率不高。液相催化重整制氢以生物质解聚为前提，解聚后的产物易于存储和运输，更适合大规模生产，但该技术工艺流程相对复杂。目前，热化学催化制氢一般采用镍基或贵金属催化剂，使用成本过高。

3. 应用前景

氢能作为一种清洁高效的新能源，灵活高效，清洁低碳，正在成为全球各国争相发展的能源新星。统筹考虑原料保障和转化成本，农业有机固体废物气化和蒸汽重整制氢在技术经济性上短期内可能会有所突破。日本、美国和欧洲多个国家制定了氢能发展战略，储氢、运氢、加氢等氢能基础设施加快建设，氢燃料电池在商用车等领域开始应用。

2022 年，北京冬奥会投入 816 辆氢燃料电池汽车，提供低碳交通运输服务。双碳战略为推动氢能发展注入了强大动力，随着氢能技术的不断突破，产业将迎来新的加速发展期。

知识链接 14——

氢燃料电池

1. 基本原理

氢燃料电池是将氢气和氧气的化学能直接转换成电能的发电装置，其基本原理是电解水的逆反应，把氢和氧分别供给阳极和阴极，氢通过阳极向外扩散和电解质发生反应后，放出电子通过外部的负载到达阴极。具体过程如下：将氢气送到燃料电池的阳极板（负极），经过催化剂（铂）的作用，氢原子中的一个电子被分离出来，失去电子的氢离子（质子）穿过质子交换膜，到达燃料电池阴极板（正极），而电子是不能通过质子交换膜的，只能经外部电路到达燃料电池阴极板，从而在外电路中产生电流（图 3-25）。

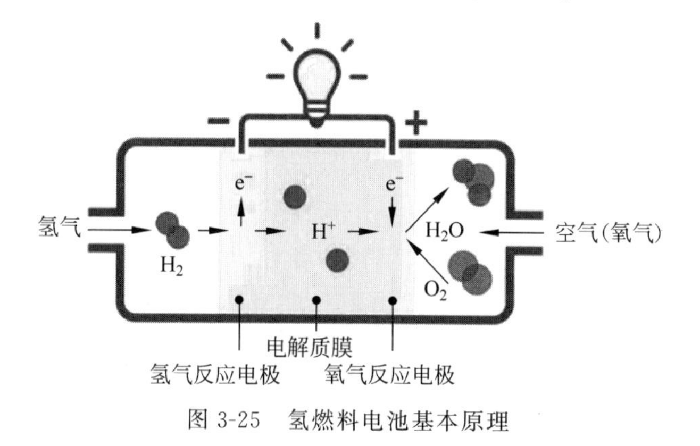

图 3-25　氢燃料电池基本原理

2. 技术优势

(1) 清洁性方面。与传统石化燃料相比,氢燃料电池采用电化学反应,在提供能量时只会产生水和电能,而传统的石化燃料会产生有害气体和粉尘。

(2) 便利性方面。与传统电池相比,氢燃料电池是一种发电装置,传统电池只具备储存电能的功能,而氢燃料电池可以直接把化学能转换为电能。

(3) 转换效率方面。传统通过燃烧发电的电池,其发电能量转换效率一般在30%左右,而氢燃料电池的能量转换效率可达到60%~80%,对能源的利用效率更高。

3. 主要问题

(1) 安全存储方面。氢气的安全性值得注意。虽然种种研究表明氢气的安全系数比汽油高,但仍有很多专家将氢气瓶比喻成氢气炸弹。

(2) 技术壁垒方面。我国初步形成了涵盖制氢、储氢、运氢和燃料电池技术的研发体系,但在高效制氢、安全储氢技术,以及双极板、质子交换材料等关键技术方面仍需突破。

3.5 基料化利用技术

农业固体废物基料化指以农作物秸秆、果树剪枝、稻壳和牛粪等为主要原料,加工或制备成能够为动物、植物及微生物生长提供良好条件和一定营养有机固体物料的过程,产品主要包括食用菌栽培基质、植物育苗与栽培基质、动物垫料等。此外,农业固体废物基料化利用还包括生产固体微生物制剂所用的吸附物料,以及逆境环境条件下阻断障碍因子或具有保水、保肥等功能的物料。总体上看,农业固体废物基料化利用具有较高的产品附加值。

3.5.1 食用菌栽培基质技术

1. 什么是食用菌栽培基质

食用菌栽培基质是食用菌赖以生长的各种营养物质载体。果树剪枝、秸秆和果壳等农业固体废物均是生产食用菌栽培基质的重要原料,相关研究表明,原料、配方和处理方式等对食用菌产量、品质、风味等都有影响。食用菌栽培一般先用栽培基料制成菌包或菌棒,然后在袋装的基质中接入菌种并在一定温度和湿度条件下培养(图3-26)。

图 3-26　食用菌栽培基质

2. 食用菌栽培基质分类

(1) 木质类食用菌栽培基质。基质碳源中木质素所占比重较大,纤维素和半纤维素所占比例较小,原料来源包括果树剪枝、木屑等,其质地紧密,适于栽培各类木腐菌。

(2) 草本类食用菌栽培基质。基质碳源中纤维素和半纤维素比重较大,质地较松软,原料来源包括麦秸、稻草、玉米芯、稻壳等,多用于栽培草腐菌。

(3) 粪草类食用菌栽培基质。以牛、马等草食类动物粪便为主,辅以秸秆,既含有大量的纤维素和半纤维素,又含有较多的蛋白质,常用于栽培双孢蘑菇、大肥菇等。

各类食用菌栽培基质中除需要上述主料外,一般还要添加麦麸、米糠、棉仁饼、菜籽饼、花生饼、豆饼、芝麻饼等有机氮源,过磷酸钙、磷酸二氢钾等磷钾肥,以及硫酸钙(石膏)、碳酸钙、硫酸镁等无机盐类作为辅料。

3. 加工工艺

采用不同的加工工艺,可生产生料、发酵料和熟料类食用菌栽培基质。三类基料的腐熟程度、高分子化合物分解程度,以及杂菌基数存在明显区别。三类食用菌栽培基质的加工难度和生产成本明显不同,生产过程中应根据实际需要进行科学选择。

(1) 生料类基质加工工艺。各类原料混配并拌匀后,不经任何处理直接装袋接种,基质未经腐熟或灭菌,故一般称之为生料。这类栽培基质加工工艺简单、省时省工,但要求菌种接种量大,防止发生高温烧菌,一般平菇、草菇等可采用此类基质进行栽培。

(2) 发酵料类基质加工工艺。各类原料混配并拌匀后,按一定规格要求进行好氧发酵,基质进行了腐熟处理,故一般称之为发酵料。这类栽培基质经升温腐熟后可杀灭病菌、害虫,并能够软化堆料,提高持水能力,一般双孢菇、姬松茸、草菇等可采用此类基质进行栽培。

(3) 熟料类基质加工工艺。对装袋后的基质进行常压或高压灭菌，熟料栽培能彻底杀灭原料中杂菌和害虫，防止病虫害，提高食用菌产量，更适用于规模化、工厂化生产，一般香菇、杏鲍菇、金针菇、木耳、银耳及滑子菇等采用此类基质进行栽培。

3.5.2 育苗基质技术

1. 什么是育苗基质

育苗基质指根据植物的生长特性，使用无机、有机材料，必要时混配微生物制剂，制成的优良土壤或无土栽培基质。在工厂化育苗体系中，基质是重要的组成部分，是幼苗生存的场所，可为幼苗提供水分、养分等。合理地选择基质，对培育优质幼苗具有重要意义。传统育苗基质一般采用草炭、蛭石、岩棉和其他添加剂混配而成。

2. 质量要求

育苗基质应满足植物对水分、养分、气体交换等方面的需求，对基质性能评价既包括粒径、容重、总孔隙度等物理性状，也包括有效成分、酸碱度、缓冲能力及盐基交换量等化学性状，其理化性状应满足以下要求。

(1) 粒径方面。基质的粒径用颗粒的直径衡量，其大小影响容重、孔隙度等性状。粒径的大小与容重成正比，与孔隙度成反比。基质粒径过大，则透气性强而持水性差。应选择不同粒径的基质材料混配，达到既透气又持水的效果。

(2) 容重方面。容重指单位体积的基质干重，不同的基质材料容重差别较大。若基质容重过大，则不便于操作与运输，同时孔隙度较小，造成透气性差，不利于幼苗发育。若容重过小，则会由于基质过轻导致缺乏黏结力，不利于幼苗根系的固定。

(3) 总孔隙度方面。总孔隙度指基质中通气孔隙与持水孔隙之和。基质总孔隙度较大时，质地疏松，具有良好的通气透水性，有利于幼苗根系发育，但支撑性较差。反之则基质中水、气容纳量小，不利于幼苗生长。

(4) 有效成分方面。有效成分包含有机质、氮、磷、钾等植物生长必需的大量和微量营养元素。有机质是植物营养的主要来源之一，可提高基质保肥性和缓冲性。营养元素对植物有着直接或间接的营养作用，是植物完成正常生命活动的前提。

(5) 酸碱度方面。酸碱度即 pH 值，其大小影响植物对养分的有效吸收，如磷元素在 pH 值较高时会发生沉淀。蔬菜幼苗对基质的酸碱度较敏感，应保持基质的酸碱度相对稳定。

(6) 阳离子交换量。代表基质对养分的吸附保存和抵抗养分淋洗的能力。

3. 选用要点

(1) 安全卫生方面。要求育苗基质基本上不含活的病菌、虫卵，不含或尽量少含有害物质，以防其随苗进入农田后污染环境与食物链。育苗基质一般应进行发酵腐熟处理。

(2) 功能要求方面。育苗基质优选有机、无机复合混配方式，将有机基质和无机基质科学合理组配，更好地调节育苗基质的通气、保水能力和营养成分。

(3) 组分取材方面。优先使用当地资源丰富、价格低廉的轻基质，降低育苗基质成本，如可选用炭化稻壳、棉籽壳、锯末等可再生清洁材料。

4. 技术发展方向

使用较多的基质材料包括泥炭、岩棉、蛭石、珍珠岩、沙砾、蔗渣、菇渣和陶粒等。岩棉和泥炭在全球应用最广泛，是世界上公认的较理想的栽培基质。由于岩棉不可降解，大量使用会对环境造成二次污染；泥炭也是不可再生的资源，过量开采有资源枯竭风险。因此，发掘可再生、易降解的新型育苗基质材料已成为研究热点。

秸秆、稻壳等农业固体废物腐熟处理后，不仅能产生大量可提高土壤肥力的重要活性物质（腐殖质），而且可产生多种可供农作物吸收利用的营养物质，如有效态氮、磷、钾等，能够在育苗中替代土壤或传统栽培基质材料。秸秆、椰糠、食品废物、家禽羽毛、菌糠、柠条等进行发酵堆肥处理，可以完全或部分代替草炭制作育苗基质。

3.5.3 动物养殖垫料技术

1. 什么是动物养殖垫料

动物养殖垫料是以谷壳、秸秆、牛粪、锯末、枯草芽孢杆菌、酵母菌等混配发酵制成的有机物垫料，主要应用于生物发酵床畜禽养殖技术。将垫料铺设在畜禽养殖舍内，畜禽排泄物可以在垫料中微生物的作用下迅速降解，实现栏舍无臭味、无污水排放。

2. 制作方法

(1) 原料选取。常用玉米、油菜、水稻、小麦的秸秆及锯末、稻壳等作为原料。

(2) 原料预处理。秸秆类原料一般要破碎至3～5cm,宜使用揉切方式,不使用切断的方式,原料含水率控制在45%左右,并尽可能避免使用单一种类秸秆。

(3) 菌种选择。菌种影响发酵效率和发酵质量,应根据发酵原料选择菌种,一般由酵母菌、双歧杆菌、乳酸菌、放线菌、芽孢杆菌、醋酸菌等微生物菌群及复合酶配置而成。

(4) 发酵制作。将配置好的菌种液或菌种粉末与预处理的发酵垫料和无污染的泥土混合均匀后堆积成梯形,进行好氧发酵,制成清爽、无臭的动物垫料。

3. 使用注意事项

(1) 成本控制方面。生物发酵床畜禽养殖技术垫料需求量大,目前原料收集、加工及菌种采购成本较高,垫料成本控制是提高养殖效益的重要方面。

(2) 传染病防控方面。发生传染性疾病时,为保护发酵垫料,抗生素、抗菌药、消毒剂限制使用,会加大疾病诊治难度。传染病暴发时,要将垫料清理干净。

(3) 厂址选择方面。发酵垫料池一般在地面以下深1m左右,为避免发酵垫料池渗水,养殖场选址不宜在低洼处,养殖场选址要求较苛刻。

(4) 适度规模方面。采用生物发酵床畜禽养殖技术,发酵垫料需要大量秸秆、稻壳等原料,原料堆场和垫料发酵堆场占地面积大,且存在火灾风险,一般养殖规模不宜过大。

3.6 原料化利用技术

农业固体废物原料化利用指以秸秆、果树剪枝、玉米芯、果壳和废旧农膜等为主要原料,采用物理、化学或生物降解等方法制备各类(手)工业制品、化学品或化工原料的过程。农业固体废物原料化生产的初级或终端产品主要包括纸浆、人造板材、秸秆雕塑、设施墙体、再生塑料、编织物、盆钵,以及功能性低聚糖、羟基丁酸等。原料化是农业固体废物高值化利用的根本途径,也是农业固体废物资源化利用的战略方向。

3.6.1 传统人造板材技术

1. 什么是传统人造板材

人造板材是以树枝、秸秆等为主要原料,通过铺装、预压、热压及后期锯割、养生和表面处理等工序制成的板材制品。人造板具有成本低、强度高、保温隔热、隔音、防火性能优良、无毒无污染等特点，主要应用于家具、地板、室内装饰和建筑墙体等。

2. 产品类型

(1) 刨花板。也称为碎料板，是以木材刨花、木屑、碎秸秆等为主要原料，添加一定的胶料后，经铺装预压、热压处理和砂光等工序制备而成的人造板材，一般密度小、材质匀，但易吸湿、强度低，根据污染物含量，分有 E0、E1、E2 级。

(2) 纤维板。由木材、秸秆等原料通过热磨分离等技术将纤维分离后，再利用热压成型制成的人造板材，按板材密度分高密度板、中密度板等。纤维板表面较光滑，不容易吸潮变形，但有效钻孔次数不及刨花板，生产成本比刨花板高。

(3) 定向板。可分为秸秆定向板和木质定向板，其生产工艺类似。秸秆定向板是以麦秸或稻秸为主要原料，采用专用机械将原料加工成具有一定规格长度的秸秆段和纤维束，施加胶黏剂，通过定向铺装和热压制成的一种结构人造板。

3. 应用前景

人造板材可以依据特定需求，进行表面装饰、防腐、抗菌、增强等处理。以木材、秸秆等生物质为原料的传统板材主要应用于建筑、装饰、家具和地板材料等，其制备技术成熟，市场需求量大。秸秆人造板技术的发展为减少森林木材资源砍伐、保护生态环境提供了产业发展新思路，通过“以草补木”可满足市场对人造板的需求。

3.6.2 木塑复合材料技术

1. 什么是木塑复合材料

木塑复合材料是利用聚乙烯、聚丙烯和聚氯乙烯等新型胶黏剂与木粉、稻壳、秸秆等植物纤维混合，经挤压、模压、注射成型等塑料加工工艺，生产加工而成的板材或型材，是近年来蓬勃兴起的一类新型生物基复合材料。

2. 技术特点

(1) 加工性能方面。木塑复合材料内含丰富的木质纤维，具有同木材相似的加工性能，可锯、可钉、可刨，使用一般木工器具即可完成，握钉力明显优于其他合成材料。

(2) 机械强度方面。木塑复合材料内含塑料类组分,具有较好的弹性模量。木质纤维与塑料类组分充分混合,具有与硬木相当的抗压、抗弯曲等性能,且表面硬度较高。

(3) 耐腐性能方面。与木材相比,木塑复合材料具有更好的抗强酸碱、耐腐蚀和防水等性能,且不易滋生细菌,不易被虫蛀,使用寿命长。

(4) 功能拓展方面。加入专用助剂可使塑料发生聚合、发泡、固化和改性等,改变木塑材料的密度、强度等特性,能够满足抗老化、防静电、阻燃等特定功能要求。

3. 应用前景

传统人造板材属于传统生物质复合材料,随着生物基材料技术的快速发展,生物基材料的多级结构、表面特性等方面的优势被不断挖掘。木塑复合材料可应用于建筑门窗、家居饰材、集成房屋和多功能板材等领域,尤其是以微纳米级尺度制备的生物基复合材料、生物质与热塑性塑料复合制备的木塑复合材料等的研发与应用受到广泛关注。

3.6.3 造纸制浆技术

1. 什么是造纸制浆

纸浆是以农林生物质为主要原料,经分离、搅拌等工艺加工而成的纤维状物质。制浆就是分离植物纤维得到纸浆的过程,制浆方法主要包括机械法、化学法和生物法等。

2. 制浆方法

(1) 机械制浆。指利用机械方法对纤维原料进行处理,使纤维离解制浆的过程。机械制浆在造纸工业中应用广泛,它保留了原料中的大量木素,浆得率高于化学制浆。

(2) 化学制浆。指在一定温度和压力条件下,利用化学制剂处理植物纤维原料,将木质素和非纤维碳水化合物及油脂、树脂等溶出,保留纤维素而分离成浆的过程。常用方法包括硫酸盐法和亚硫酸盐法等,有机醇和有机酸溶剂法制浆也有良好发展前景。

(3) 生物制浆。指利用微生物分解和去除木素,使植物组织与纤维素彼此分离制浆的过程。生物制浆包括生物化学制浆和生物机械制浆,生物制浆以生物分解为主，辅以物理或化学方法，可提高制浆技术的清洁化生产水平。

3. 发展趋势

秸秆制浆仍存在环境污染重与生产成本高的双重压力。林草一体化制浆是重要研究方向，随着大型高浓均质预浸软化、节能型高浓度磨浆、废液高效提取和浓缩、中段水短流程处理回用、高得率浆修饰改性等技术的突破，林业剩余物、秸秆等原料制浆产业将得以快速发展，有利于缓解我国造纸纤维原料短缺现状。

3.6.4　生物基材料技术

1. 什么是生物基材料

根据国家标准《生物基材料术语、定义和标识》(GB/T 39414—2020)中的术语定义，生物基材料(bio-based materials，BBM)指利用生物质为原料或(和)经由生物制造得到的材料，主要包括生物基平台化合物和生物基化学衍生产品。生物基材料的优势主要体现在：①绿色低碳，环境友好，原料可再生；②结构、性能可编辑，产品适用性强，市场空间巨大；③属前瞻性技术，被纳入新材料前沿技术研究领域。

2. 产品分类

根据产品类型，生物基材料可分为生物基平台化合物和生物基化学衍生产品。生物基平台化合物指用于聚合成高分子原材料的化学单体，如乳酸、天冬氨酸、谷氨酸、1,3-丙二醇等。生物基化学衍生产品包括生物基聚合物、生物基塑料、生物基化学纤维、生物基橡胶、生物基涂料、生物基材料助剂、生物基复合材料及各类生物基材料制得的制品。

根据组分特征，生物基材料分为生物塑料、多糖类生物基材料、氨基酸类生物基材料和木塑(竹塑、秸塑等)复合材料等。

3. 发展前景

国家高度重视生物基材料的开发和利用。2009年6月，《国务院办公厅关于印发促进生物产业加快发展若干政策的通知》提出，加快推进生物基高分子新材料、生物基绿色化学品、糖工程产品规模化发展。2015年5月，国务院印发的《中国制造2025》提出，做好超导材料、纳米材料、石墨烯、生物基材料等战略前沿材料提前布局和研制。2021年11月，工业和信息化部印发的《“十四五”工业绿色发展规划》提出，加强绿色低碳材料推广，发展聚乳酸、聚丁二酸丁二醇酯、聚羟基烷酸、聚有机酸复合材料、椰油酰氨基酸等生物基材料。2022 年 5 月，国家发展和改革委员会印发的《“十四五”生物经济发展规划》明确提出，重点围绕生物基材料、新型发酵产品，打造具有自主知识产权的工业菌种与蛋白元件库。

生物基材料产业是引导科技创新和经济发展的战略性新兴产业，也是引领绿色发展和低碳经济的耀眼明星。目前，生物基材料技术仍面临技术经济性、产品适用性等多方面的问题与挑战，如图 3-27 所示。

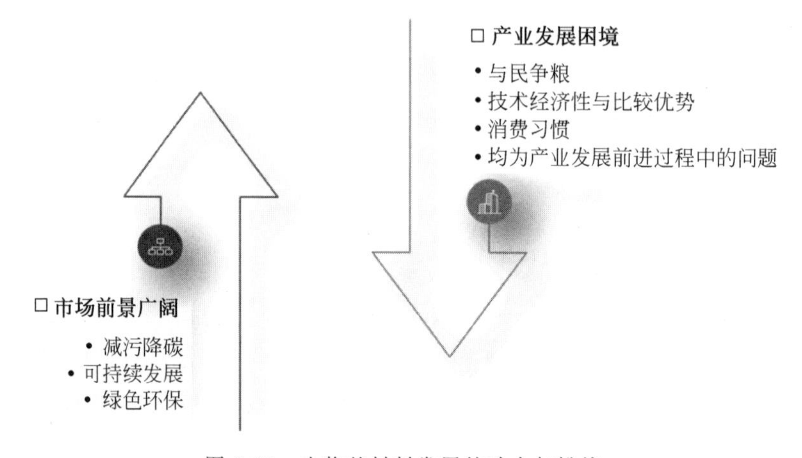

图 3-27　生物基材料发展的动力与挑战

3.6.5　生物基容器技术

1. 什么是生物基容器

生物基容器指利用粉碎后的小麦、水稻、玉米等农作物秸秆为主要原料，添加一定量的胶黏剂及其他助剂，在高速搅拌机中均匀混合，最后在成型机中压缩成型、冷却固化制成的不同形状或用途容器制品，包括杯具、盆钵、育苗钵等（图 3-28）。

图 3-28　生物基杯具

2. 加工工艺

(1) 原料粉碎。去除秸秆中石子、塑料等杂质,用粉碎机将秸秆粉碎至合适粒度。

(2) 胶黏剂制作。该环节应注意原料配比、加料顺序、加料时间和酸碱剂用量等方面要求,制作专用胶黏剂。

(3) 拌料混合。该环节是秸秆容器制备的关键环节,拌料混合均匀,含水率适中,有利于提高容器成型效果。

(4) 模压成型。物料在模具中压缩成型,压坯自模腔取出并冷却至60℃左右时,进行打孔和修边作业,最后,产品完全冷却后堆垛摆放。

3. 发展方向

除采用秸秆与树脂材料混配成型制备一般性容器外,生物基化学单体聚合制备可降解杯具、餐具也是重要的发展方向。以含淀粉类生物质和秸秆纤维素等为原料生产的聚乳酸,具有抑菌、亲肤、透气、不回潮、难燃等特性,可替代石油基塑料(PE、PP、PVC)和石油基化纤(PET、PTT、PBT)等,例如,聚乳酸生物基餐具曾赋能“无塑”北京冬奥。

3.6.6 秸秆块日光温室墙体技术

1. 什么是秸秆块日光温室墙体

秸秆块日光温室墙体是一种利用压缩成型的秸秆块作为墙体材料的农业设施。秸秆块以农作物秸秆为原料,经成型装备压缩捆扎而成。秸秆块墙体是以钢结构为支撑,秸秆块作为填充材料,外表面安装防护结构,内表面粉刷蓄热材料制成的复合型结构墙体。

2. 技术特征

秸秆块墙体既有保温蓄热功能,又有调控温室内空气湿度、补充温室内二氧化碳等作用。秸秆块热传导率和热扩散系数明显低于土壤、红砖等传统墙体材料,使秸秆墙体具有较好的保温性能。秸秆具有较稳定的吸湿和解吸的特性,高空气湿度条件下,秸秆可吸附空气中水分;低空气湿度条件下,秸秆可将所吸附的水分解吸。利用秸秆块作为日光温室墙体对温室内空气湿度具有一定的调节作用,有利于控制土传病害发生。

秸秆体积比热容低,蓄热性能较差,温室内气温对外界温度变化敏感,采用秸秆块日光温室墙体时，在生产管理上应采取相应措施加以应对。

3. 建造工艺

（1）秸秆预处理。小麦、水稻、玉米等秸秆均可用来制作秸秆块，秸秆含水率过高会影响秸秆墙使用寿命，要严格控制含水率，一般情况下秸秆含水率应小于15%。

（2）秸秆压块。秸秆压块质量直接影响秸秆块墙体使用寿命，需要统筹方便堆砌、增加承重能力和保证堆砌面平整等要素，选择合适秸秆块型号。

（3）秸秆块墙体建造。秸秆块墙体由支撑立柱和秸秆块堆砌而成。秸秆块墙体外侧需要安装防护结构，用来防止秸秆块遭受雨淋而腐烂。对于温度要求较高的秸秆块日光温室墙体，在墙体内侧需要粉刷或涂抹蓄热材料。

（4）后屋面处理。秸秆块日光温室墙体后屋面增加保温材料，不仅可增强墙体保温效果，还具有保护秸秆块墙体免受风吹日晒的作用。同时，应严防雨水从秸秆块墙体顶部渗漏。

3.6.7 废旧农膜再生塑料颗粒技术

1. 什么是再生塑料颗粒

再生塑料颗粒指通过预处理、熔融造粒、改性等物理和化学的方法，对废旧农膜、化肥塑料包装物等废旧塑料进行加工处理后得到的塑料原料，如图3-29所示，是对废旧塑料进行再生利用的产物。再生塑料颗粒具有良好的综合性能，能够满足吹膜、拉丝、拉管、注塑、挤出型材等技术要求，适用于多种塑料制品的生产，如塑料管、瓶、桶、盆等。

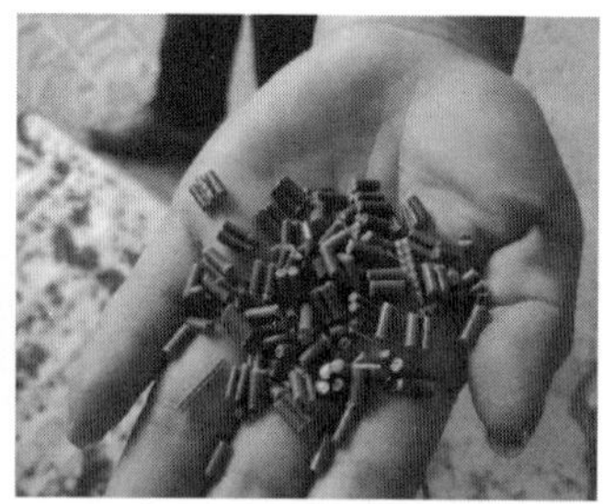

图3-29 再生塑料颗粒

2. 生产方法

（1）湿法造粒工艺。主要包括分选、破碎、清洗、烘干、热熔、拉丝、冷却、切粒等工艺过程。增加清洗的次数，提高清洗质量，可有效提高产品品质。烘干后的废旧农膜经熔融处理后从模孔内挤出，然后切割成形状大小均匀的颗粒。该工艺方法操作简单，生产成本比较低，但噪声较大，加工过程中会产生粉尘与污水。

(2) 干法造粒工艺。主要包括收集、破碎、分离除杂、热熔、拉丝、冷却、切粒等工艺过程。对塑料预处理时，干法造粒采用分离除杂代替湿法造粒技术的清洗工艺。常用的分离除杂的方法主要有浮沉分离、电选分离等。干法造粒和湿法造粒相比，没有清洗和烘干环节，可节约大量水资源，更加适用于水源紧缺的地区。

(3) 有机溶剂辅助软化造粒工艺。该工艺以传统造粒工艺为基础，加入一定剂量的专用有机溶剂，用于提高塑料软化效率，保护塑料分子结构完整性，可有效提高设备生产率，改善产品品质。

3. 应用前景

以废旧农膜、化肥包装物等废料类农业固体废物为原料，加工再生塑料颗粒可实现废物的资源化再利用。塑料工业的发展给人类带来巨大便利，也留下巨大的后患。废旧塑料在常温下不易老化降解，因而形成与日俱增的白色污染，使生态环境遭受严重破坏。近年来，我国相继出台一系列优惠政策，鼓励开展废旧塑料回收与处理利用，寻求既可减少塑料垃圾污染，又可实现对其资源化利用的途径，引发了全社会广泛关注。

3.6.8　秸秆编织技术

1. 什么是秸秆编织技术

秸秆编织品是以麦秆、稻草等为原料，经过选料、染色、� 平、设计、手工(机械)编织制作而成的各类物品，如提篮、帽子、门帘、席垫、雕塑等。秸秆编织制品图案丰富、结构巧妙。发展秸秆编织既有利于传承民间技艺，也有利于发展民间经济。

2. 秸秆编织技法

编织技术包括编辫、平纹编织、花纹编织、绞编、编帽、勒编等工艺。编辫是草编中最普遍的技法，没有经纬之分，将麦秸、玉米皮等原料边编边搓转，通常作为草篮、草帽、地席的半成品原料。平纹编织是草编、柳编、藤编通常运用的技法。勒编是柳编的常见技法，以麻线为经、柳条为纬，编织时将麻线和柳条勒紧。近年来机械编织技术得到了蓬勃发展，如图3-30所示，是采用机械编织而成的生态护坡用秸秆纤维毯。

图3-30 秸秆编织产品

3. 产业发展方向

目前，我国民间秸秆编织产业规模较小，存在生产方式落后、经营模式单一、产品竞争力不足等问题。随着人们生活水平的不断提高，民间工艺品市场需要不断扩大，充分整合各种资源，加强政策扶持和产品创新，打造品牌，形成特色，探索秸秆编织产业化发展新模式，是促进秸秆等农业固体废物特色化、高值化利用的重要措施。

3.7 协同处理利用技术模式

推进农业农村固体废物无害化处理和资源化利用，保持良好农业生态，持续改善农村人居环境，是贯彻习近平生态文明思想、践行绿色发展理念的内在要求，是协同推进农业农村高质量发展和生态环境高水平保护的重要途径，是实施乡村振兴战略、推进农业农村现代化的重要任务，也是增进民生福祉的优先领域，事关群众身体健康，事关农业可持续发展，事关美丽乡村建设。农业农村固体废物协同处理是在深入分析各类固体废物特征及分类方法的基础上，通过政策、技术、模式和机制等创新，因地制宜开展统筹谋划和系统设计，最大限度提高处理利用效率、降低处理利用成本。

3.7.1 协同处理技术体系

推进农业农村有机固体废物协同处理，重要因素之一是开展协同处理实用技术和实用设施设备的研发应用。农业农村固体废物协同处理利用技术路径如图3-31所示，主要包括肥料化、高值化、能源化和减量化技术等。

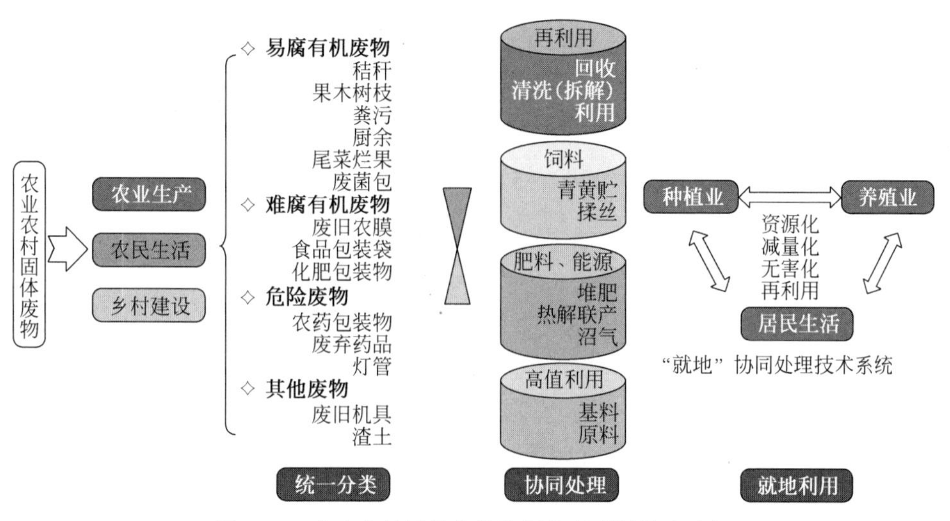

图 3-31　农业农村固体废物协同处理利用技术路径

1. 肥料化利用技术

农作物秸秆、人畜粪污、烂果、杂草、厨余垃圾等易腐类有机固体废物除富含碳水化合物外，还含有氮、磷、钾及钙、镁、硅等植物生长必需或有益元素，具有很高的肥料化利用价值。农业农村固体废物肥料化利用指将易腐类有机固体废物经无害化处理后，转化为肥料进行利用，主要途径包括好氧发酵、厌氧发酵＋好氧发酵、热解炭化等技术。将农业农村固体废物中的易腐类有机固体废物统一分类归集后肥料化利用，能够增加土壤有机质，有效提升土壤矿物养分和固碳水平。

农业农村有机固体废物协同能源化利用技术路径与产品如图 3-32 所示。好氧堆肥技术指在充足供氧的条件下，利用专性和兼性好氧细菌作用降解有机物的生化过程。好氧堆肥堆温一般可达到 55～60℃，有机质的降解速度快，能够有效杀灭病原菌和杂草种子。厌氧发酵＋好氧发酵肥料化技术首先将有机废物在一定的水分、温度和厌氧条件下，通过微生物分解代谢，形成甲烷和二氧化碳等可燃性混合气体，然后对沼渣进行好氧腐熟肥料化利用，可提升有机固体废物的利用价值。热解炭化技术指将有机固体废物在绝氧或缺氧条件下加热分解形成稳定、难溶、高度芳香化并富含碳素固态物质(生物炭)的过程，生物炭比表面积大、孔隙发达，可用于改良和修复土壤，其农用价值已经成为国内外学者共识。

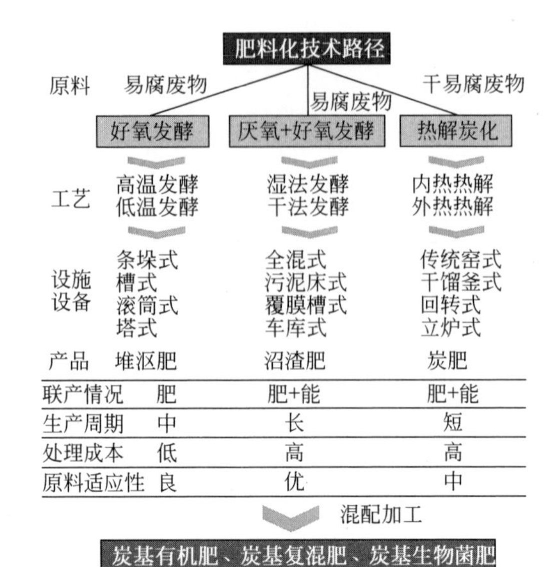

图 3-32　农业农村固体废物协同肥料化利用技术路径与产品

2. 高值化利用技术

高值化是一个相对概念，与传统有机固体废物肥料化利用相比，高值化利用具有更高的产品附加值，但一般投入也较高。农业农村有机固体废物协同高值利用技术路径与产品如图 3-33 所示。总体而言，高值化利用技术可分为原料化和基料化利用两类。原料化利用指以秸秆、果树剪枝、玉米芯、果壳和废旧农膜等为主要原料，采用物理、化学或生物降解等方法制备各类制品或工业原料，主要产品包括纸浆、人造板材、再生塑料、秸秆雕塑、设施墙体，以及功能性碳基

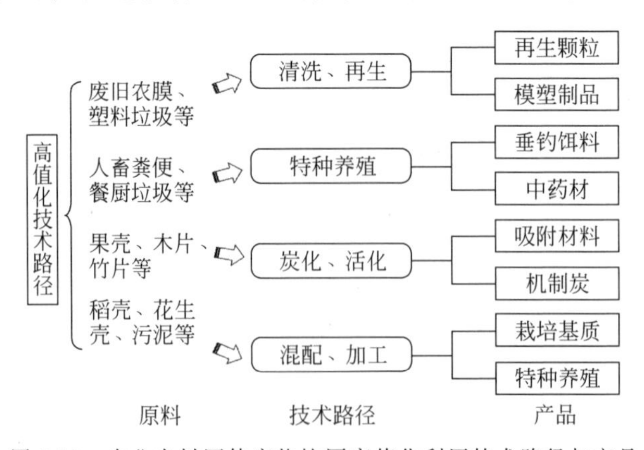

图 3-33　农业农村固体废物协同高值化利用技术路径与产品

材料等。基料化利用指以秸秆、果树剪枝、稻壳和牛粪等为主要原料，加工或制备成为动物、植物及微生物生长提供良好条件和一定营养的有机固体物料，主要产品包括食用菌栽培基质、植物育苗基质、动物垫料等。

蚯蚓养殖也是农业农村有机固体废物高值利用的重要途径。将畜禽粪污、易腐垃圾、农作物秸秆等有机固体废物，按一定比例混合并高温发酵预处理后可养殖蚯蚓。蚯蚓粪用于生产有机肥或还田利用，成品蚯蚓可用于提取蚯蚓活性蛋白等。此外，一些地方也在积极探索通过养殖黑水虻、蟑螂等处理农业农村有机废物。

3. 能源化利用技术

农业农村固体废物能源化利用指采用物理、化学或生物等技术手段将固体废物转化为成型燃料、生物柴油、燃气或热力、电力等能源产品。对于分拣成本高、不宜肥料化或高值化利用的含塑料固体废物，应积极推进能源化协同利用，最大限度降低农业农村固体废物直接填埋量。

农业农村有机固体废物协同能源化利用技术路径与产品如图 3-34 所示。农业农村有机固体废物热解技术指在绝氧或低氧环境中通过有机组分受热分解生产生物炭、热解油和热解气的过程，热解气热值高，是一种高品质的可再生能源。气化技术指在一定热力学条件下，以空气、氧气或水蒸气作为气化剂，使有机高聚物发生热解、氧化和还原重整反应，转化为一氧化碳、氢气和低分子烃类等可燃气体的过程。燃烧技术一般可分为粉碎直燃、打捆直燃和成型后直燃等，为减少挥发性有机物排放，一般要求炉膛温度达到 850℃以上，且烟气停留时间不低于 2s。

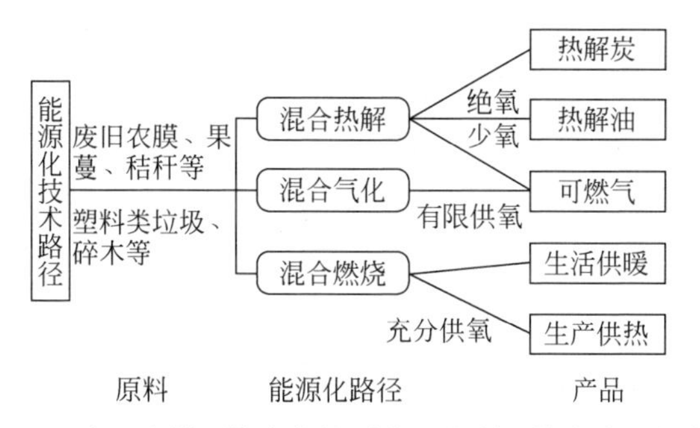

图 3-34　农业农村固体废物协同能源化利用技术路径与产品

4. 减量化处理技术

广义的固体废物减量化技术指采取清洁生产、源头减量及安全处置等措施，减少废物的数量、体积或危害性，减轻废物在目前和未来对人体健康及生态环境的危害。农业农村固体废物减量化包括产生前减量和产生后减量两方面。处理利用是农业农村固体废物减量化技术措施。“产生后减量”与“资源化”一样，需要一定的经济成本和环境代价，一般“产生后减量”措施也是“资源化”利用措施。为推进农业农村固体废物的协同减量化，需要研制固体废物分选、脱水、打包等实用技术与小型化处理设备，用于直接减少固体废物的体积或重量。共热解、共燃烧等技术既可用于固体废物能源化利用，也可用于其减量化处理。

3.7.2 混合原料发酵供肥主体模式

1. 模式构架

图 3-35 从废物分类、处理转化和产品应用 3 个层次系统构建了基于混合原料发酵供肥的农业农村固体废物协同处理模式。在废物分类环节，应鼓励和支持农民分类收集可回收废品，因农村经济发展水平相对较低，该类废物回收情况总体较好；同时，应加大危险废物的科普宣传，支持建立农业农村危险废物收集处置体系。除此之外，不区分废物含水率，引导农民将生产生活固体废物按

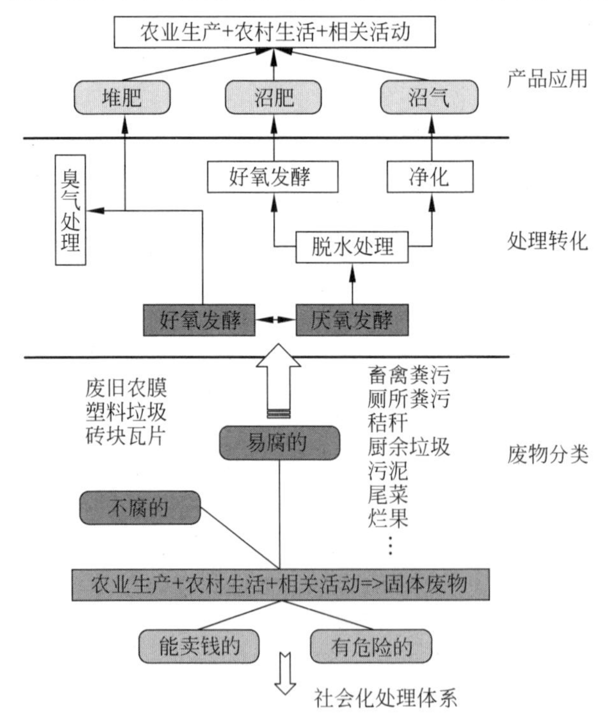

图 3-35 农业农村固体废物混合发酵供肥模式

易腐和难腐进行分类。在处理转化环节，以生物化学转化技术为纽带，采用好氧和厌氧发酵方式，将易腐废物降解为有机肥料。可根据实际需要联产沼气，实现有机固体废物的肥料化转化。在产品应用环节，将堆肥、沼肥和沼气等产品直接应用于农业生产或农民生活，实现固体废物就近就地转化利用。山西省长治市某公司推出的“五合一、一站式”处理模式，属于此类技术模式的初步探索，取得了较好的应用效果。

2. 模式特点

该模式以生物化学转化技术为纽带，通过肥料化实现固体废物循环利用，对培肥地力和增加土壤碳汇具有重要促进作用；可充分利用现有畜禽粪污等肥料化利用设施设备，协同处理农村生活产生的易腐类有机废物，提高设施设备利用率；组合方式灵活，可结合固体废物产生情况和产品市场，将好氧发酵与厌氧发酵技术柔性组合。

3. 适用情景

该模式适用于种养规模相对较大的村镇或农场，尤其是地膜使用量相对较少的村镇或塑料类固体废物与易腐类有机固体废物能够有效分离的区域。

3.7.3　混合原料热解/气化/燃烧供能主体模式

1. 模式构架

图3-36从废物分类、处理转化和产品应用三个层次系统构建了基于混合原料热解/气化/燃烧供能的农业农村固体废物协同处理模式。在废物分类环节，可回收类和危废类处理方式与混合原料发酵供肥主体模式类似；不区分废物是否易腐，引导农民将生产生活有机固体废物统一按干的和湿的分类。在处理转化环节，以热化学转化技术为纽带，采用热解、气化或燃烧方式，将低含水率的有机固体废物转化为燃气、热水、蒸汽等产品，可根据实际需要联产机制型炭作为清洁能源，实现有机固体废物的能源化转化。在产品应用环节，将各类终端产品直接应用于农业生产或农民生活，实现固体废物就近就地转化利用。河北省遵化市某公司推出的“分布式清洁供能”处理模式，属于此类技术模式的初步探索，取得了较好的应用效果。

2. 模式特点

该模式特点如下：①以热化学转化技术为纽带，通过能源转化实现固体废

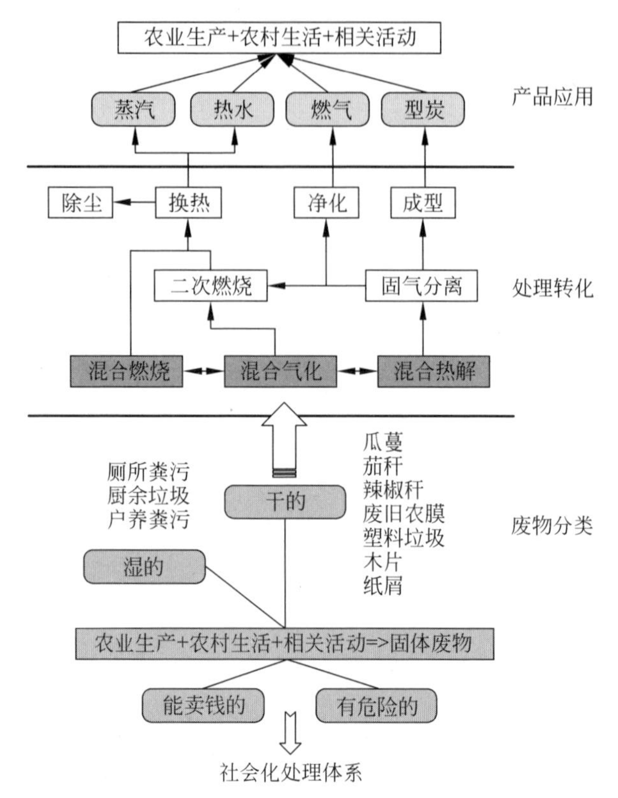

图 3-36 农业农村固体废物混合热解/气化/燃烧供能模式

物就近就地利用,对改善农业农村能源结构和减少碳排放有积极意义;②将易腐和难腐有机固体废物统一分类处理,并能够转化为多种能源产品,具有较强的适应性;③组合方式灵活,可结合固体废物产生情况和产品市场,将热解、气化和燃烧技术柔性组合。

3. 适用情景

该模式适用于地膜使用量较大的设施蔬菜、设施瓜果和粮棉等集中种植区,偏远山区,以及塑料类固体废物与易腐类固体有机废物不易分离的区域。

3.7.4 城乡统筹一体化处理主体模式

如图 3-37 所示,该模式将农业生产、农村生活和乡村建设等活动产生的各类固体废物统一分类,分别归集于城市生活垃圾、建筑垃圾、工业固废和危险固废等,进入城市固体废物转运和处置体系后统一处理,实现城乡统筹。该模式不需单独建立农业农村固体废物处理体系,具有投入成本低、运行管护规范等特点，适用于城市近郊区的农村，尤其是农业种植以设施果蔬为主、农业固体废物中的易腐固体废物与废旧农膜不易分离的情景。另外，因城郊农业经济水平、交通运输等条件相对较好，城乡统筹处理的过程中，可结合固体废物产出特征和外部条件，积极探索农业农村固体废物高值化利用模式。辽宁省盘锦市某公司推出的“城乡固废一体化大环卫”处理模式，属于此类技术模式的初步探索。

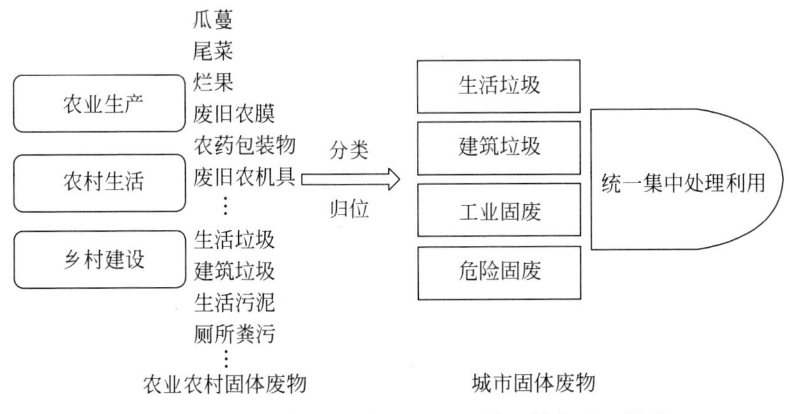

图 3-37　农业农村固体废物城乡统筹一体化处理模式

第4章 农业固体废物资源化利用典型案例

4.1 生态循环树典范

4.1.1 福建光泽县产业集聚型农业固废高值循环利用模式

1. 产业概况

光泽县位于福建省西北部、武夷山脉北段、闽江支流富屯溪上游，地处国家级武夷山自然保护区核心，素有“闽赣咽喉”“武夷腹地”“闽江源头”之称。全县森林覆盖率达77%，有“八山一水一分田”之称，境内群山连绵，山高谷深，是我国南方重点林区。光泽下辖8个乡(镇)，是省级文明县城、省级园林县城、省级城镇化试点县、省定产粮大县、重点老区县和原中央苏区县，地处中亚热带季风湿润气候区，盛产粮食、烟叶、药材、瓜类、甘蔗、荸荠等，水产养殖、畜禽养殖产业发展迅速。

光泽县依托福建圣农控股集团有限公司人才、资金和技术优势，推进肉鸡养殖集约化、规模化生产，年产能超过5亿羽，成为扬名华夏的“中国鸡都”，带动了光泽“金鸡文化旅游”产业发展。圣农作为中国白羽肉鸡行业产业链最完整的企业，集育种、孵化、饲料加工、种肉鸡养殖、肉鸡加工、食品深加工、余料转化、产品销售、冷链物流于一体，横跨农牧产业、食品、冷链物流、能源/环保等多个业态，构建了企业绿色循环经济产业链。

2. 循环模式

福建圣农控股集团有限公司肉鸡产业集中度高、链条长，肉鸡育种、孵化、养殖、宰杀，以及饲料和鸡肉深加工等各环节会产生大量固体废物，主要包括鸡粪、废垫料、鸡毛、蛋壳、鸡血、鸡内脏、鸡骨头和病死鸡等。

以鸡粪、废垫料、蛋壳和污泥等为主要原料，依托绿屯生物、江平生物等，可以通过好氧发酵技术生产有机肥，并直接用于周边蔬菜种植基地，生产和供应高端有机蔬菜。

以鸡粪和饲料加工剩余的谷壳为主要原料，依托凯圣生物质发电厂，可以生产清洁热力和电力，实现并网运行和分布式供能。

以肉鸡宰杀下脚料（鸡毛、鸡肠、鸡骨、鸡血等）为主要原料，依托海圣饲料、明圣生物、圣羽生物、恒杰生物等有机固废资源化利用骨干企业，可以生产加工鸡毛粉、鸡油、鸡精、鸡骨粉、软骨素、血浆蛋白、血球蛋白等（图 4-1）。

图 4-1 肉鸡屠宰加工剩余物加工的各类产品

其他固体废物，如炉渣、部分污泥等，可以用于制作新型建筑材料或卫生填埋。

通过各类固体废物综合利用，基本形成“无污染、零废弃”的循环经济发展格局，打造了肉鸡循环经济产业体系（图 4-2），固体废物综合利用率达到 95%以

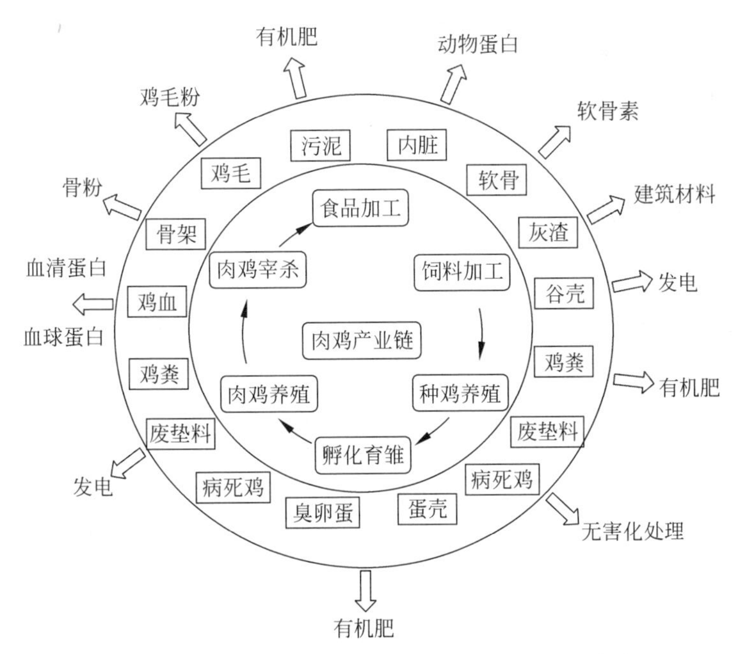

图 4-2 产业集聚型农业固体废物高效循环利用模式

上，固体废物利用产业年增加值超过4亿元，实现“变废为宝”，树立了产业高度集聚型废物高值利用区域样板。

3. 经验与启示

(1) 龙头带动、产业集聚，打造肉鸡“无废”产业航母。依托龙头企业带动，形成强大的产业集聚优势，探索出“龙头带动、逐级延伸、互利共生、产城融合”的协同发展模式。通过养殖、加工环节各类固体废物集约化利用，形成白羽肉鸡规模化养殖和废物高值利用循环经济产业链，不仅保护了环境，还有效提升了产业附加值。

(2) 技术引领、点石成金，铸就肉鸡“无废”生产典范。以技术创新为引领，持续推进产业生态化和生态产业化，形成产业发展的良好生态。引进明圣生物、圣羽生物、恒杰生物等一大批科技型企业，将肉鸡生产加工形成的固体废物转化为鸡毛粉、鸡骨粉、软骨素、血浆蛋白、血球蛋白等高值产品，提升了品牌美誉度和影响力。

(3) 统筹谋划、高位推动，铸就区域“无废”管理样板。实行县委书记、县长双组长制，科学谋划，高位推动。围绕生态县城、特色乡镇和美丽乡村建设，开发了“三源五废”管理系统，“无废+”精细管理和龙头企业示范带动有机结合，推进绿色循环低碳生产方式和生活方式，实现“山青、水秀、天蓝、土净”生产生活空间的提档升级。

知识链接15——

现代生态循环农业

现代生态循环农业运用可持续发展思想、循环经济理论和生态工程学方法，调整和优化农业生态系统内部结构及产业结构，实现农业生态系统物质和能量的多级循环利用，严格控制外部有害物质投入和农业固体废物产生，最大限度地减少环境污染，是新时期农业发展质量的升级，是新时代生态文明思想的伟大实践。

生态循环农业主要包括以下基本特征。

(1) 系统性。发挥农业系统的整体功能，按照“整体、协调、循环、再生”的原则，统筹谋划，科学布局，优化农业产业结构，使农、林、牧、副、渔和农村一、二、三产协调发展，并使各产业之间互相支持，相得益彰，提高综合生产能力。

(2) 循环性。致力开发农业有机固废高效、循环利用的新途径，农业经济活动按照“投入品→产出品→固体废物→转化利用→新产出品→投入品”的闭环反馈式流程运行，同时，提高水资源、土地资源、生物资源的利用效率。

(3) 高效性。生态农业实行废物资源化利用,降低农业生产成本,提高产出效益,即通过物质循环、能量多级综合利用,实现农业经济增值。同时,为农村剩余劳动力创造农业内部就业机会,提高农民从事农业的积极性。

(4) 可持续性。保护和改善生态环境,防治污染,维护生态平衡,提高农产品的安全性,把环境建设同经济发展紧密结合起来,在保障农产品有效供给的同时,提高农业生态系统的稳定性和农业发展的可持续性。

4.1.2 青海西宁市高质量发展生态牧场模式

1. 项目概况

西宁市位于青藏高原与黄土高原交界处,平均海拔3137米。全市共有耕地面积1440平方公里,其中浅山地和脑山地占比高达77.5%。2021年,全市共有省级认定各类畜禽规模养殖(小区)133家,生猪存栏21753头、奶牛4417头、肉牛11587头、肉羊35196只、家禽35.9万羽。为解决川水地区高密度集中圈养场搬迁用地,浅山地和脑山地种植困难、经济效益低等问题,西宁市提出大力发展生态畜牧业和种养结合循环农业,合理布局规模化养殖场,实施养殖业出川上山,加大力度建设生态牧场,加快推进畜牧业发展方式的转变。

2. 发展模式与典型做法

(1) 顶层设计方面。以"无废城市"建设试点、青海省建设绿色有机农畜产品示范省、西宁市建设绿色发展样板城市为引领,加快推进区域化布局、规模化种养一体、标准化生产和品牌化营销等。市农牧、发改、财政等部门编制出台《西宁市生态牧场发展规划》,制定生态牧场建设标准和绩效考核办法。持续推进生态牧场建设,充分发挥财政资金的引导作用,撬动金融资本、民间资本和其他社会资本投入畜牧业发展。

(2) 生态循环模式打造方面。把握生态牧场种养(草畜)一体化和"草+畜+粪+肥"闭环养殖内涵,将饲草种植和规模养殖相结合,舍饲圈养和适度放牧相结合,充分利用本地区天然草场和弃耕地、退耕地等资源,加大浅脑山地区饲草种植。在合理利用天然草场、实现草畜平衡的基础上,以草定畜、草畜联动、适度放牧,减少饲养成本,提高肉品品质,打造绿色、优质、高效且富有区域特色的生态循环畜牧业发展模式。

(3) 新技术研发应用方面。针对西宁海拔高、气温低等气候特点,以及土地生产力低、生态环境脆弱等突出问题，支持立项了种养一体化生态循环模式在牦牛舍饲养殖中的示范推广、有机肥及生物有机肥生产技术等一批重大科研项目，研制了生物有机肥功能菌剂，开展牛粪堆积发酵。充分调动企业积极性，采取"企业＋科研单位"等形式，研发引进小型发酵设备，开展便捷、灵活、高效的畜禽粪污发酵和还田技术应用。

（4）龙头企业培育方面。推动"饲草种植＋养殖企业""有机肥厂＋养殖销售企业"强强联合，提高集约化水平，保障畜禽粪污肥料化生产能力和有机肥消纳能力。推进规模化养殖、标准化生产、科学化管理，加建设进标准化养殖体系，提升粪污收集和集中处置效率。开展私人订制养畜，通过不断提升畜禽养殖经济效益，反哺农业固废资源化循环利用。

3. 主要成效

（1）截至2020年，全市共建成生态牧场30家，巩固优化"草＋畜＋粪＋肥"的闭式循环利用方式，实现了生态牧场内畜禽粪污的全量利用，全市畜禽粪污利用率达到78％以上。

（2）饲草种植和规模养殖相结合，舍饲圈养和适度放牧相结合，维护区域草畜平衡，提升了粪污资源化利用质量效益，维持了草原生态系统稳定性。

（3）充分发挥市场调节引导作用，通过政策扶持、龙头企业带动等，培育了一系列绿色特色品牌，提高了生态牧场经济效益，产业进入良性发展轨道。

（4）特色产业助力区域精准扶贫，通过生态牧场模式建设，带领当地群众脱贫致富，在保住"绿水青山"的同时，创造"金山银山"，人民群众幸福感和获得感不断提升。

知识链接16——

农业固体废物循环利用模式

发展生态循环农业，重要内容之一就是构建全方位、多层次的农业固体废物资源化循环利用技术模式，基本实现区域主要农业固体废物的全量利用和农药化肥的减量增效。

1. 市县大循环

按照"全市统筹规划、各县就近利用"的原则，优化市域农业生产力布局，通过全域信息高效共享与物资有序调配，保障生态循环农业均衡协调发展，模式示例如图4-3所示。

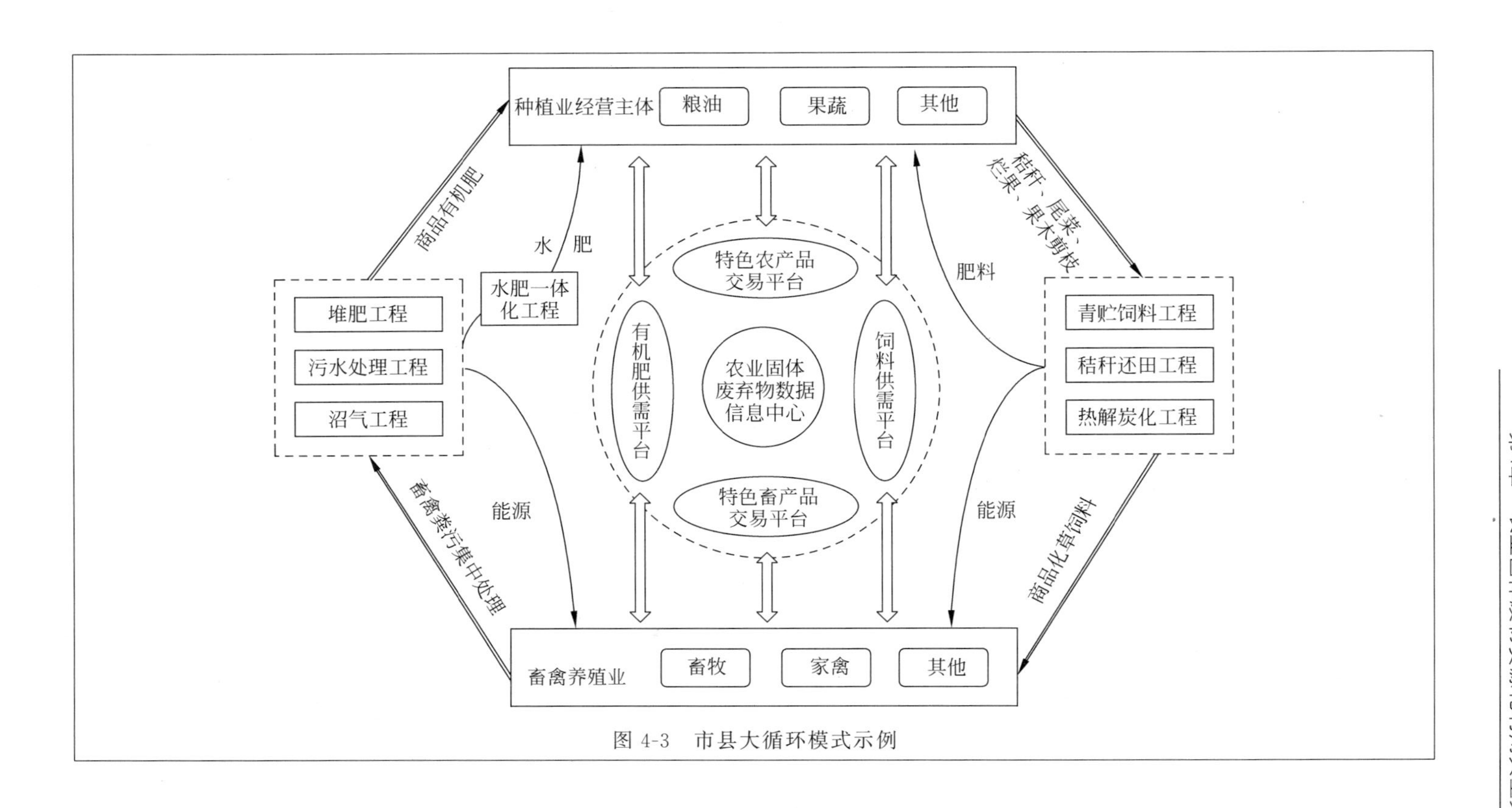

图 4-3　市县大循环模式示例

推进养殖“三改两分”工程，加强畜禽粪污回收利用，以堆肥和沼气工程为依托，建设大中型有机肥工程，生产高标准商品有机肥，推进果菜茶等绿色种植。有序推进秸秆、尾菜等的离田利用，依托青贮、膨化等饲料加工技术，推进秸秆饲料化利用，生产商品饲料，实现“以养促种，以种定养”。以生物质热解炭化、生物质成型燃料等技术为依托，推进秸秆、果树剪枝、畜禽粪污等的能源化利用，生产商品能源。建立市级“无废农业”建设服务信息中心，整合发布市域秸秆、粪污、有机肥和农村可再生能源等供需信息等。

2．区域中循环

统筹区域产业发展定位和资源环境容量，合理布局种养规模，以第三方企业或社会化组织建立的有机肥、沼气、热解等农业固体废物处理利用工程为纽带，构建区域种养业循环发展联合体。采用合同订单、供需协议等形式，统一调配区域范围内的农作物秸秆、畜禽粪污、尾菜烂果等农业固体废物，并将生产加工的肥料、饲料或能源产品就近配送到农业园区或农户。通过若干经营主体协同、协作，形成区域内物质循环、能量转化、种养平衡和产业融合的区域性农业循环发展模式，如图 4-4 所示。

3．主体小循环

大中型规模化养殖场通过土地流转、租赁、合同订单等形式配套农业种植园区，依托堆肥、沼气、热解和“三改两分”等技术，建设堆肥设施、固液分离设施、大中型沼气设施、热解炭化工程、沼渣沼液储运设备和田间利用管网等，将农业固体废物处理后施用于种植园区，实现种养循环。

模式Ⅰ——以堆肥工程＋污水处理工程为纽带。在大中型养殖场内，将畜禽养殖粪污进行固液分离，干清粪和秸秆、尾菜等一起进行好氧发酵，生产的有机肥用于农业种植。液体部分经污水处理工程无害化处理后直接施用于农田，如图 4-5 所示。

模式Ⅱ——以沼气工程＋堆肥工程为纽带。在大中型养殖场内，畜禽粪污经沼气工程处理后进行固液分离，沼渣与秸秆、尾菜、果树剪枝等一起进行好氧发酵，生产的有机肥用于农业种植，沼液无害化和调质处理后直接施用于农田，如图 4-6 所示。

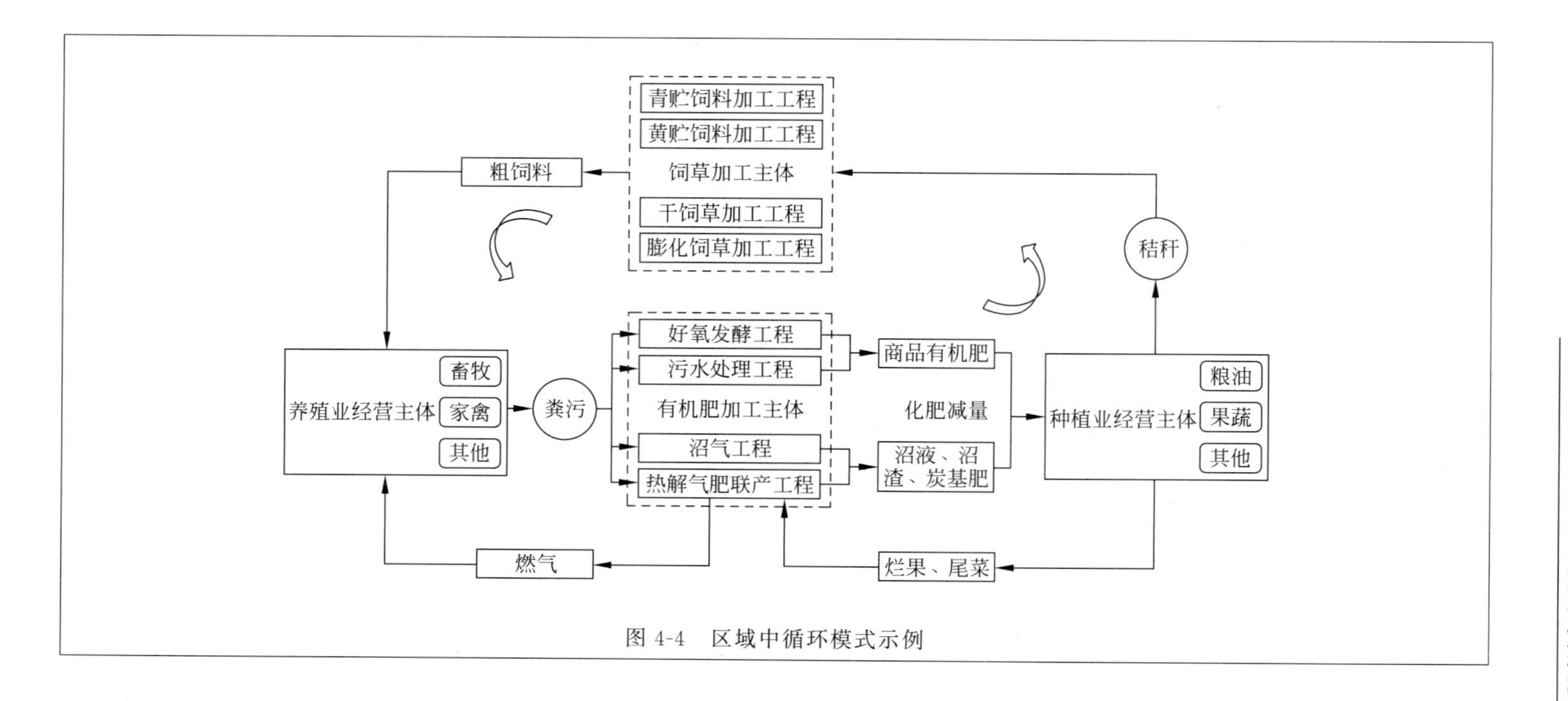

图 4-4　区域中循环模式示例

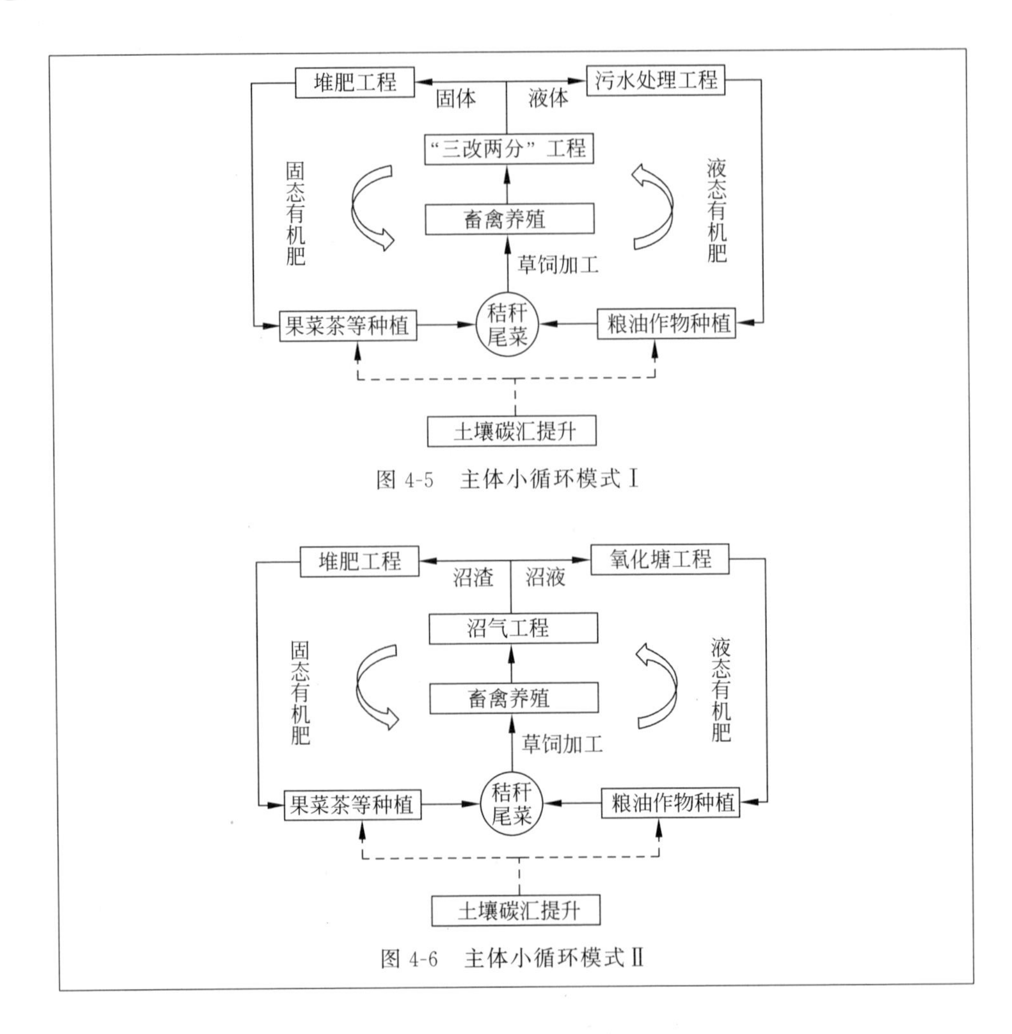

图 4-5 主体小循环模式Ⅰ

图 4-6 主体小循环模式Ⅱ

4.1.3 浙江全域生态循环农业绿色发展模式

1. 总体情况

2005 年 8 月 15 日，习近平总书记在浙江安吉考察时提出"绿水青山就是金山银山"的重要论断。近年来，浙江省以习近平生态文明思想为指导，自觉践行"两山"理念，以实施乡村振兴战略为统领，实施"千村示范、万村整治""五水共治""四边三化"等重大行动，高起点定位产业、生产、技术、主体、产品、田园"六绿方案"，全域推进农业绿色发展，打造形成生态循环农业绿色发展"浙江样板"。

2. 体系建设

(1) 发展绿色产业。编制浙江省特色农产品优势区建设规划，优化农业生产力布局，实现生产与资源环境有效匹配。大力发展休闲观光、农村电商等新产业新业态，加快推进种养循环和三产融合。以绿色增产增效为目标，创建生态茶园、精品果园、放心菜园、特色菌园、道地药园和美丽牧场，不断提高产业发展质量。

（2）推行绿色生产。全面深化“主体小循环、园区中循环、县域大循环”三级循环利用体系，实施畜禽粪污资源化利用行动、统防统治绿色防控行动、土壤污染治理行动、有机肥替代行动、秸秆资源化利用行动等控源治污措施，推进农牧对接循环体建设。

（3）应用绿色技术。推行清洁化标准化生产，加大绿色技术应用，重点推广生物发酵等畜禽养殖技术，水稻基质育秧、果蔬避雨栽培等种植技术，测土配方施肥、水肥一体化等施肥技术和农药减量增效技术，强化指导服务，为农业绿色发展提供有效技术支撑。

（4）培育绿色主体。实施万家新型农业经营主体提升工程，培育提升示范性家庭农场、规范化农民专业合作社、农业龙头企业、示范性专业化服务组织、农创客等，促进经营主体强化绿色理念、推行绿色生产、发展绿色产业。

（5）开发绿色产品。推进绿色农产品基地建设，加快发展绿色优质农产品。加强农产品追溯体系建设，强化监管措施，提高农产品质量安全水平。推进品种、品质、品牌建设“三品”联动，选育绿色优质品种、打造农业品牌，提高绿色农产品市场竞争力。

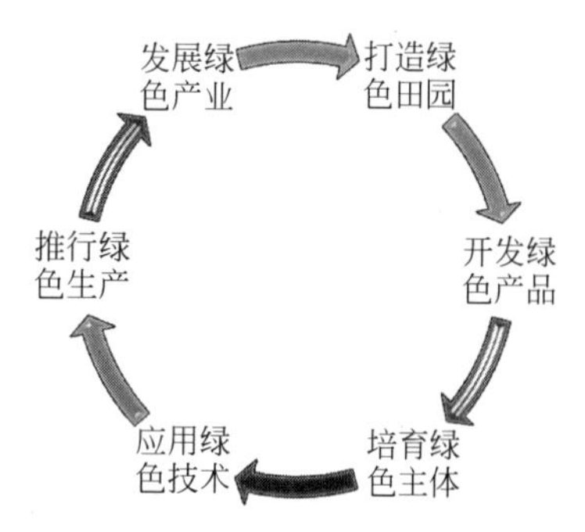

图 4-7　绿色农业生产系统

（6）打造绿色田园。深入实施“打造整洁田园、建设美丽农业”行动，将美丽田园建设与美丽乡村、美丽城镇创建一体推进。建立农药包装废弃物回收处置机制，将废旧地膜纳入农村生活垃圾回收处置体系，提高田园整洁度和美化度（图 4-7）。

3. 经验做法

成立农业绿色发展工作领导小组，选配精干力量组建办公室，加强工作协调落实，将农业绿色发展有关任务纳入农村人居环境提升、“五水共治”等工作内容，形成协同推进合力。同时，将相关指标列入省委省政府重点工作考核体系，建立月通报、季督查、年考核工作机制，保障工作落实。

（1）坚持深化改革，完善三个体系。围绕“肥药两制”改革，先后出台《关于推行化肥农药实名制购买定额制施用的实施意见》《主要农作物化肥投入最高限量标准》《浙江省主要经济作物化肥定额制施用技术指导意见》等文件。将农业绿色发展先行县创建和“肥药两制”改革等纳入乡村振兴和“五水共治”考核体系。在农资监管领域应用“刷脸”“刷卡”“扫码”等技术，构建农资监管“进—销—用—回”信息闭环，实现数据对接、源头追溯，提升了农业生产全程监管能力。

（2）坚持以转促治，推进四项联动。以产业转型升级为重点，推动种植业源头减量与末端减排、畜禽粪污治理与美丽牧场创建、渔业健康养殖与尾水治理、废弃物资源化利用与无害化处理四项联动。以水稻、油菜、茶叶等作物为重点，开展化肥定额制试点，建设氮磷生态拦截沟渠。推进规模猪场粪污处理设施全配套，纳入环保监管平台。创建水产健康养殖示范，开展养殖尾水生态化治理，探索农药包装废弃物回收处置长效机制。

（3）坚持先行先试，突出五大引领。推进农业绿色发展先行市（县）创建，发挥先行示范、机制探索、项目工程、技术创新等在绿色发展中的引领作用。全面构建多层共进、协同发力的先行县、示范区、示范项目“三级联创”新格局，推动农科教、产学研协同开展联合技术攻关。

知识链接 17——

“绿色”理念与农业绿色发展

1．“绿色”发展内涵

绿色发展理念是习近平生态文明思想和新发展理念的重要组成，其核心是人与自然和谐共生，主要包括 3 个层面的内容。

（1）将环境资源作为社会经济发展的内在要素，突出强调“保护生态环境就是保护生产力，改善生态环境就是发展生产力”。

（2）把实现经济、社会和环境的可持续发展作为绿色发展的目标，牢固树立“生态兴则文明兴，生态衰则文明衰”意识。

（3）把经济活动过程和结果的“绿色化”“生态化”作为绿色发展的主要内容和途径，推动绿色低碳发展，持续改善环境质量，提升生态系统稳定性，全面提高资源利用效率。

2．农业绿色发展的基本要求

农业绿色发展就是要以绿色发展理念为引领，以农业提质增效和可持续发展为根本目标，通过资源节约、环境友好和生态保育型新技术、新模式的研发应用，保障优质农产品和优质农业生态产品供应，不断提升农业质量效益和综合竞争力。农业绿色发展不应简单理解为农业环境保护或农业生产过程的兼顾内容，农业绿色发展更加注重资源节约、环境友好、生态保育和农产品质量，是全面促进农业高质量发展的构成要素和根本驱动力。

3. 农业绿色发展的重点任务

农业绿色发展包括3项层进式目标任务。

(1) 实现农业经济增长与生态环境退化脱钩。

(2) 绿色技术、绿色生产方式等广泛应用,带动农业发展全面提质。

(3) 优质农产品和农业生态产品成为农业发展新的经济增长点,促进农业不断增效。

4.1.4 甘肃平凉市“牛果互促”种养循环生态农业模式

1. 产业概况

平凉市位于黄河中上游泾渭河流域核心区、陕甘宁交汇处,属陕甘宁革命老区,是关中—天水经济区的重要组成部分,关中平原城市群的重要节点城市。境内六盘山脉纵贯南北,渭河第一大支流泾河横穿东西,森林覆盖率达33.6%,草原综合植被覆盖度达83.4%。光热水条件较好,属陇中南部温带半湿润气候。

平凉市农业产业特色鲜明,是全国农区绿色畜牧基地、全国优质果品基地、西部人文生态旅游基地,被农业农村部划定为全国苹果最佳适生区、全国肉牛优势发展区,高效种植与特色养殖自然结合,具有发展现代生态循环农业的独特优势。

2. 典型做法

近年来,平凉市抢抓全面推进乡村振兴、“一带一路”倡议、黄河流域生态保护和高质量发展、新时代推进西部大开发等重大战略机遇,落实甘肃省发展“现代丝路寒旱”农业要求,聚焦“平凉红牛”“静宁苹果”两大优势特色产业,推进“全链条、全循环,无公害、无污染,高质量、高效益”的生态循环农业产业体系,打造了“牛果互促、种养循环、绿色高效、品质平凉”的农业品牌,建成了全国特色畜牧、优质果蔬和生态旅游融合发展示范区和黄土高原农业绿色发展先行区。

统筹全市各县域区位条件、自然地理、环境容量、资源承载力和发展基础,形成如图4-8所示的“一核、三带、七区、百基地”的空间布局,协调特色肉牛、优质苹果、精品蔬菜、道地药材等主导产业的生产、加工、流通、旅游、研发、服务等功能板块,形成“一核强力引领,三带有机串接、七区协同推进、百基地联动运行”的发展格局(图4-8)。

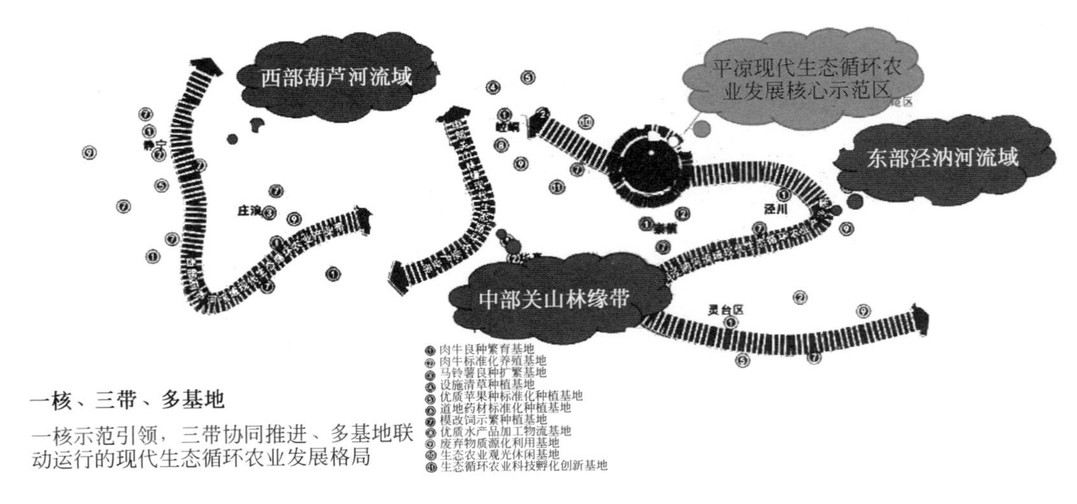

图 4-8 平凉市生态循环农业发展布局

3. 经验做法

（1）以特色产业为支撑。平凉市光热水条件较好，生态和农林牧业资源丰富，是全国农区绿色畜牧基地、全国优质果品基地，发展生态循环农业具有得天独厚的资源禀赋优势，形成了牛、果、菜、薯、药等优势特色产业，培育了一大批"特别特""好中优"特色农产品，依托"平凉红牛"打造了国家级优势特色产业集群，"静宁苹果"形成了苹果产地收购价定价权。

（2）以高位推动为保障。市委书记、市长亲自挂帅，组成生态循环示范市创建工作专班，围绕落实农业农村部与甘肃省共同推进现代"丝路寒旱"农业建设合作框架协议，对平凉生态循环农业发展进行顶层设计和统筹谋划，与多家国内知名院所签订生态循环农业发展战略合作协议，组织编制发布了《平凉市现代生态循环农业发展规划》。

（3）以高效循环为引领。着力构建"市县大循环、区域中循环、主体小循环"的全方位、多层次的生态循环农业发展模式。因地制宜推行"饲用玉米种植—秸秆加工利用—肉牛养殖—有机肥加工利用—绿色果蔬种植""畜禽养殖—有机肥还田—粮果菜种植""畜—沼—果（菜、药）"等生态循环发展模式，实现农业固体废物高效循环利用和农业高质量发展。

4.1.5 辽宁盘山县"稻蟹共生"种养循环农业发展模式

1. 产业概况

盘山县位于盘锦市北部，地处东北平原粮食主产区。通过绿色稻蟹综合种养项目建设，形成了园村一体、产村相融、镇村联动发展的格局，是国家现代农业示范区、水稻全国绿色高质高效示范县、国家渔业健康养殖示范县、国家农业产业强镇、国家农产品质量安全县。

全县水稻种植面积为61.8万亩，水稻总产量为41.2万吨。河蟹养殖面积为106万亩，年均产量为4.5万吨，年出口量为2210吨，创汇1150万美元。首创了"一水两养，一地三收"的稻蟹综合种养"盘山模式"，稻蟹综合种养产业全国领先，"盘锦大米"和"盘锦河蟹"全国知名。

2. 发展模式

（1）模式内涵

稻蟹综合种养指稻养蟹、蟹养稻、稻蟹共生。在稻蟹种养的环境内，蟹能清除田中的杂草，吃掉害虫，排泄物可以肥田，促进水稻生长；水稻可为河蟹的生长提供丰富的天然饵料和良好的栖息条件，互惠互利，形成良性的生态循环（图4-9）。盘山县依托其独特的地理条件、水土资源禀赋和农业产业基础，以市场需求为导向，以园区化建设为方向，融生产、生活、生态、科技于一体，促进科技、人才、信息、资本等资源要素集聚，推进一、二、三产业融合，全面推动"一水两养，一地三收"的稻蟹综合种养盘山模式提档升级，可实现农业高质高效可持续发展。

图4-9 "稻蟹共生"种养循环农业

（2）模式要点

稻蟹综合种养盘山模式协调了水稻种植和河蟹养殖中的农药、化肥使用矛盾的问题，具有水稻优质、不减产，河蟹规格大、质量好等特点。模式要点主要包括：

① 水稻种植。水稻种植采用测土施肥、生物防虫害的栽插技术方法。测土施肥方面，采用测土配方一次性施肥技术，将配制的专用活性生态肥和农家肥在旋耕稻田前一次性施入。生物防虫害方面，采用苗床期防治害虫技术，秧苗移栽前3～5天，在苗床上施用生态制剂，如苦参碱等，防治稻水象甲、稻潜蝇、稻飞虱等，蟹田不使用农药。采用早放蟹的方法，河蟹可吃食草芽和虫卵及幼虫，不用除草剂，达到除草和生态防虫害的效果。

② 河蟹养殖。河蟹养殖采用早暂养、早投饵、早入养殖田的措施，采用田间工程、稀放精养、测水调控、生态防病等养殖技术，促进河蟹体力恢复。河蟹不仅可清除稻田杂草，预防水稻虫害，粪便还可以提高土壤肥力。

③ 埝埂种豆。利用稻田埝埂种大豆，稻、蟹、豆三位一体，并存共生，形成多元化的合生态系统，使土地资源得到充分利用。

3. 成效与经验

（1）打造完备的产加销体系。加工、营销、乡村旅游、品牌培育等方面持续融合发展，建有大型农产品交易市场，全县累积认定"三品一标"农产品22个，培育省、市级农产品加工企业22家，农产品加工率达到68%。

(2) 扶持培育多种经营主体。形成了“村委会＋农户＋基地”“土地＋资金＋农户＋基地”等多种经营模式，培育家庭农场 610 个、农民专业合作社 800 余个，组建省、市级规模化龙头企业 23 家，年销售收入达 73.2 亿元。

(3) 着力推进农业固体废物循环利用。全县秸秆综合利用率达到 90%以上，废旧农膜回收率达 80%以上，畜禽粪污资源化利用率达 79%，测土配方施肥推广面积达 84 万亩，打造了快速、高效的农产品质量安全监测系统。

(4) 不断提升农机装备水平。农田基础设施完善，全县已建成高标准农田 96 万亩。机械化作业水平高，水稻耕种收综合机械化率达到 96.4%，获得全国主要农作物生产全程机械化示范县称号。

4.2　高值利用建样板

4.2.1　青海西宁市废旧农膜回收利用模式

1. 基本情况

西宁市属大陆性高原半干旱气候，年平均降水量为 380mm，蒸发量约为 1364mm，气候冷凉，光照充足。地膜具有显著的集雨、蓄水、增温、保墒等特点，近年来，西宁市在玉米、马铃薯等农作物种植中广泛推行全膜覆盖栽培技术，地膜使用量逐年增加。2019 年，西宁市地膜覆盖面积为 24.9 万亩，占全市耕地面积的 11.2%，农用塑料薄膜使用量约为 1338t，其中，地膜使用量约为 948t。西宁市废旧农膜回收利用经过不断探索，逐步形成了企业回收、农户参与、政府监管、市场推进的高效运行机制。

2. 回收与利用模式

1) 废旧农膜回收责任分工

实行“谁供应、谁回收，谁使用、谁捡拾，谁回收、谁拉运”的运行模式，如图 4-10 所示。

(1) 谁供应、谁回收。依托全膜覆盖栽培技术推广项目，农业技术推广中心与地膜供应企业对地膜使用方(农户、合作社、种植大户等)捡拾的废旧农膜进行回收。实行属地管理，由各乡镇加强与项目单位联系，明确回收责任，确保回收工作推进落实。

(2) 谁使用、谁捡拾。当地膜使用方为合作社、种植大户时，采用保证金制，由农业技术推广中心与其签订回收承诺书，分解回收任务。当地膜使用方为普通村民时，将废旧农膜回收任务分解至各乡镇，乡级政府部门分解至各村，捡拾

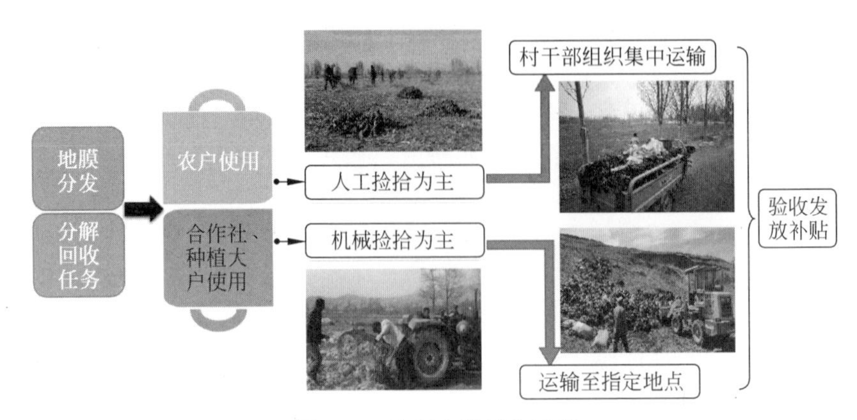

图 4-10　废旧农膜回收流程

工作由村干部组织村民落实。

(3) 谁回收、谁拉运。回收废旧农膜的合作社或种植大户负责将废旧农膜拉运至指定地点,由农业技术推广中心会同回收企业进行验收,运输补助与废旧农膜回收补助一并兑现。

2) 废旧农膜回收保证金和后补助制度

根据所下达的地膜覆盖任务,农业技术推广部门按规定对合作社或种植大户收取废旧农膜回收保证金,完成当年废旧农膜回收任务并经相关部门验收合格后,退还保证金,并按照 1.5 元/千克的标准兑现废旧农膜回收补助资金。

3) 旧农膜利用市场模式

采用贴息、减免资源综合利用企业所得税等方式,扶持地膜生产企业建设废旧农膜回收利用生产线,生产规模达到 2 万吨/年(相关产品如图 4-11 所示),处理利用能力可覆盖青海省。扶持引导企业与农户建立长期合作关系,积极探索地膜产业"以旧换新""以销定收"模式,企业生产销售与回收利用相统一,农民推广使用与回收治理相结合。

图 4-11　农用废旧农膜回收利用产品

3. 经验做法

（1）加强顶层设计。制定印发了《加强农膜使用管理促进残膜回收处理的指导意见》《农业残膜全回收利用工作方案》《农田残膜回收项目实施方案》，形成政府主导、各方参与、因地制宜、简便易行的工作机制。

（2）强化过程监管。质量监督部门和市场管理部门督促地膜生产企业地膜产品达到《聚乙烯吹塑农用地面覆盖薄膜》地方标准要求，严厉查处生产不符合标准要求的企业。建立奖罚机制，对拒不配合废旧农膜回收工作的专业合作社、种植大户等采取惩罚措施，并与相关强农惠农政策挂钩。建立健全农田地膜残留污染物监测点，开展常态化、制度化的巡查。

（3）加大宣传引导。治理农田“白色污染”的受益者是农民，治理主体也是农民，通过采取舆论宣传与实例对比说明相结合的方法，让农民认识到回收废旧农膜对农业增产增效、农业可持续发展的重要作用，加深农民认知程度和认识高度，充分调动广大农民参与农田废旧农膜污染治理的积极性。发挥合作社的引导作用，组织农民积极参与废旧农膜回收。

4. 主要成效

建立了“企业回收、农户参与、政府监管、市场推进”的闭环运行长效机制，疏通了废旧农膜回收的堵点难点。全市农田废旧农膜回收率达到90%以上，回收后废旧农膜实现全量利用。基本实现田间地头无裸露废旧农膜，村庄、道路、林带无飘挂废旧农膜，群众满意度和获得感大幅度提升。同时，通过废旧地膜循环再利用，推进了农业面源污染治理和白色污染防治，对保护农业生态环境和助力美丽乡村建设均具有重要意义。

4.2.2　河南许昌市秸秆多元高值利用模式

1. 基本情况

许昌市农作物秸秆以小麦和玉米秸秆为主，2020年全市秸秆产生量为374万吨，可收集量为338万吨，利用量为305万吨，秸秆综合利用率达到90%以上。近年来，通过推进产业融合发展，进一步延长秸秆利用产业链，强化秸秆高值利用，在企业等市场主体的引领带动下，秸秆基料化、能源化、原料化利用比重逐年增加。

2. 利用路径

（1）秸秆的基料化利用。利用秸秆发展食用菌产业，扶持培育了世纪香、腾源菌业等食用菌龙头企业，以及百珍食用菌专业合作社等一批国家级食用菌专业种植合作社。采用“公司＋农户＋农民合作社＋基地＋标准化”的产业化运作模式，围绕食用菌产前、产中、产后开展技术服务，采用订单生产、保护价收购、成本价提供生产资料、提供技术全程服务等，把基地与龙头企业、农户与龙头企业、基地与农户紧紧联结在一起，着力打造了白灵菇等珍稀食用菌工厂化生产示范基地、食用菌精深加工和出口基地、三产融合发展世纪香食用菌产业园，大幅推进秸秆的基料化利用规模和质量效益。

(2) 秸秆的能源化利用。充分利用鄢陵县花卉苗木资源优势，建立了生物质热电联产工程，年耗用各类农林废弃物 40 万吨左右，农林废弃物的收集、处理、运输等环节间接提供就业岗位 2000 余个，带动农民增收。长葛市生物质发电厂自费购置秸秆打捆机、拖拉机等配套农机设备，在农忙季节供农民免费使用，打包回收棉花秆、玉米芯、花生壳、玉米秸秆，以及果壳、枯树枝、原木段等农林生物质。电厂除发电外，还为周边企业供应热力，同时为附近村庄提供洗浴用热水。此外，鄢陵县采用压块技术生产生物质成型燃料，解决了全县 24 万亩辣椒秸秆难处理的问题。

(3) 秸秆的原料化利用。许昌某公司发掘和提高秸秆的潜在价值，以农作物秸秆为主要原料，加工生产生态板材(图 4-12)，并且提供家居定制和工业旅游服务，实现一、二、三产业无缝隙衔接，打造了“三厂(板材厂、贴面厂、家具厂)合一”的秸秆产业链。

图 4-12　秸秆生态板材

3. 主要成效

产业融合发展模式显著提高了秸秆高值化利用水平，通过市场和社会主体的多元参与，增强了秸秆资源化利用的内生动力，激发农户主动回收秸秆的积极性。秸秆的原料化利用促进了“以秸代木”，减少了林木资源的采伐。

通过发展食用菌产业，带动了许昌周边地区 3.6 万户菇农，年创经济效益 8 亿多元。目前，基料化利用每年消纳各类秸秆 15 万吨左右，生产食用菌 9 万吨左右，产生各种废料约11万吨。废料全部制成有机肥料和菌糠饲料，废料利用率达到100%。

4.2.3　浙江绍兴市农药包装废弃物全链条监管回收模式

1. 基本情况

2020年，绍兴市农药使用量为4761t，据测算，农药包装废弃物年产生量约为333t。自“无废城市”试点建设工作开展以来，为改善农村生态环境，绍兴市推出一系列举措，探索形成了“绿色农业助推源头减量、标准化助推收储运体系建设、产业培育助推无害化处置”的农药包装废物全链条监管回收处置模式。

2. 典型做法

(1) 收集与转运方面。农药包装废弃物属于危险废物，归集后的运输成本高，科学布局了农药包装废弃物归集单位，全市共6家归集公司，建成623家回收点。归集公司组建回收网络并集中回收、运输、存放农药废弃包装物。严格按照《关于进一步规范浙江省危险废物运输管理工作的意见》(浙环函〔2015〕483号)要求，规范农药废弃包装物归集后的运输行为，落实专用车辆负责农药废弃包装物归集后的运输。

(2) 安全存储方面。推进农药废弃包装物标准化收储中转仓库建设，按照危险废物收储标准，委托专业单位制定设计方案、开展环境影响评价、实施项目建设，对收储池、地坪和墙面做环氧乙烷防渗措施，配备光催化氧化+活性炭吸附处理、废气处理、监控等设备，在回收农药废弃包装物的同时，对废气残液密闭收集，各回收点对农药包装废弃物(包括袋、瓶、桶等)进行分类、计量和清点，并登记造册后送至收储仓库。

(3) 处置利用方面。为解决全市农药废弃包装物处置能力不足的困境，2020年，全市新增2家处置企业，处置能力翻番。根据《关于进一步加强农药废弃包装物回收和集中处置工作的通知》《深入推进农药废弃包装物回收和集中处置工作实施意见》的相关要求，各地积极落实农药废弃包装物回收处置经费，支持专业化处置项目建设(图4-13)。

3. 主要成效

截至2020年年底，归集公司在全市布置了623个回收点，已实现农药包装废弃物市域收储运体系全覆盖。2016—2020年，全市共回收农药废弃包装物2484t。同时建成了6个标准化收储中转仓库，实现废气残液密闭收集，基本消

图 4-13　农药包装废弃物无害化处理设施

除对周围环境的影响。2016—2020 年，全市共处置农药包装废弃物 2409t，大大减轻了环境压力，其中，2020 年全市实际回收农药包装废弃物 448.5t，回收率为 134.6%，处置 486t，处置率为 162.3%。

4.2.4　江西瑞金市蚯蚓养殖粪污资源化利用模式

1. 基本情况

瑞金市拥有江西省最大的大棚蚯蚓养殖企业，占地 105 亩，其中大棚养殖 70 余亩(图 4-14)。借助蚯蚓规模化养殖处理畜禽粪便、农业秸秆、餐厨垃圾和食品废渣等固体废物，年固体废物处理量达到 2 万吨。

图 4-14　蚯蚓养殖基地

2. 技术模式

充分利用瑞金市及周边县市大型规模畜禽养殖场的牛粪、猪粪，添加秸秆、菌渣等农业有机固体废物，将其混合均匀后，通过添加 EM 菌剂配制蚯蚓饲料，饲料经过为期 1 周左右的发酵预处理，进行为期 2 个月左右的蚯蚓养殖堆肥，之后利用蚯蚓吞食、消化降解等作用将有机固体废物转化制备成高品质蚯蚓粪肥。

根据作物营养需求，还可添加腐植酸、氨基酸有机钾粉、氨基酸精华素、益菌微生物制备高品质蚯蚓粪有机配方肥。制备的蚯蚓粪有机肥营养全面，富含氨基酸、复合功能菌群，颗粒细小、均匀，有利于改良土壤结构、促进作物生长（图 4-15）。

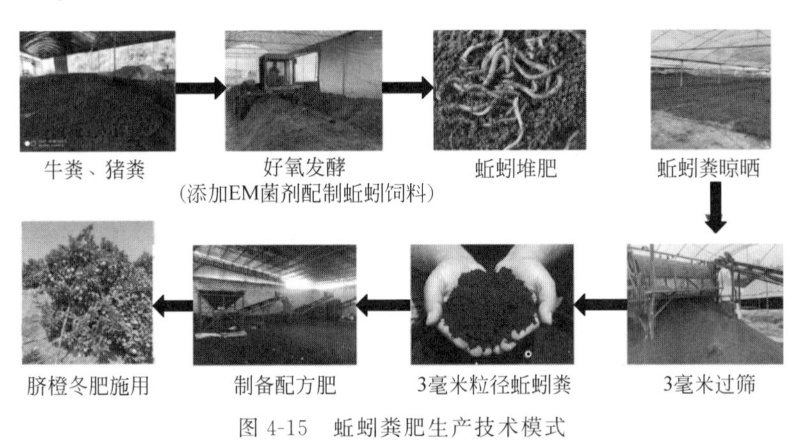

图 4-15 蚯蚓粪肥生产技术模式

3. 主要成效

2020 年，共处理各类农业固体废物约 15000t，其中畜禽粪污 12000t，生产销售蚯蚓粪有机肥 5000t，主要用于酸化土壤治理。蚯蚓粪肥可显著提升土壤质量，提升农产品品质，增加产量，提高农户收益。相关企业还积极发挥龙头企业示范作用，吸纳贫困户就业。

4.2.5 安徽固镇县秸秆制糖联产黄腐酸高值利用模式

1. 技术背景

秸秆酶解制糖技术指以农作物秸秆为原料，在纤维素、半纤维素初步分离的基础上，利用酶水解生成混合糖（五碳糖、六碳糖）的过程。预处理过程中分离出的木质素经过好氧发酵处理，可生产黄腐酸有机肥，实现秸秆制糖联产黄腐酸有机肥。秸秆制糖不仅可以处理消纳大量秸秆，且所生产的混合糖发酵处理后可转化为燃料乙醇或乳酸等生物能源和化工原料，对于减少经济生活对石化资源依赖具有重要作用。

2. 技术工艺

（1）秸秆预处理。将秸秆切碎后，经预热软化和机械揉搓，加入少量稀碱液进行保温反应，溶出部分木质素，使用压榨机逆流洗涤，将纤维素、半纤维素与木质素进行初步分离，得到综合纤维素和木质素溶液。木质素溶液经膜浓缩和碱回收后，得到较高纯度的酸析木质素。在预处理过程中使用离子膜过滤及化学沉淀等，可分离出95%以上的木质素。预处理后的纤维素和半纤维素部分用于酶解制糖。

（2）酶解转化。酶解过程主要依托丰原自有的复合酶制剂及酶解罐，通过试验研究，配制了四种复合酶制剂，提高了酶解效率。首先外切成8～9的聚合度，再内切为两个聚合度，制得六碳糖和五碳糖的混合液及酶解残渣，实现纤维素和半纤维素的分解。为解决工程中固态搅拌难题，使用卧式和立式酶解罐组合工作方式，首先在卧式酶解罐中搅拌发酵48h，然后进入立式酶解罐酶解48h。

（3）脱色浓缩。酶解完成后使用压滤机过滤，利用糖液浓缩器经过八次浓缩，得到浓度大于60%的混合糖浆，可直接用于发酵生产乳酸或酒精（图4-16）。

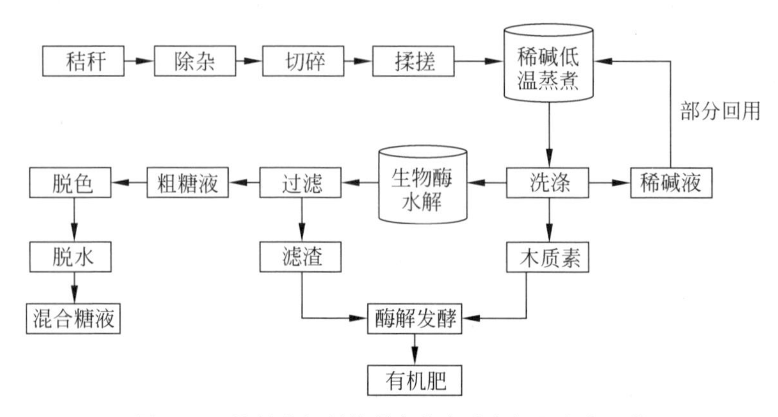

图4-16 秸秆酶解制糖联产黄腐酸有机肥生产工艺

3. 运营情况

安徽丰原集团在安徽省固镇县建成了全国首条秸秆制糖示范生产线（图4-17），现已全线贯通正式生产。该生产线以农作物秸秆为原料，完全达产后，每年可处理农作物秸秆1.5万吨，生产混合糖6000t（折干基，70%六碳糖、30%五碳糖）、高效有机肥（黄腐酸含量≥30%）9000t。农业农村部规划设计研究院与安徽丰原集团围绕秸秆预处理、酶解转化和脱色浓缩等工艺技术和成套装备开展了联合攻关，研发了秸秆制糖关键设备，开展了秸秆制糖技术经济性、技术适用性和碳减排效益核算等，为技术的产业化推广奠定了基础。

图 4-17　万吨级农作物秸秆制糖联产黄腐酸基地

4.3　能源利用立标杆

4.3.1　山东威海市农业农村固废能源化肥料化综合利用模式

1. 基本情况

威海市位于山东半岛东端，北、东、南三面濒临黄海。2019 年，全市耕地面积 19.4 万公顷，农业种植户数为 24.8 万户，农业体量整体较小，农业固体废物分散，收集难度较大。针对当前威海市秸秆、厨余垃圾、人畜粪便等收集难的问题，市政部门引入第三方企业重构收储、运输体系，建立了以涉农企业为依托的农业农村固体废物协同收集和处理利用体系。

2. 技术模式

采用厌氧发酵技术，实现农业农村固体废物能源化肥料化综合利用，技术模式如图 4-18 所示。沼气工程项目运行效果良好，实现年处理有机废弃物 18 万吨，年产有机肥 2.5 万吨、沼气 730 万立方米。经过处理后的沼气，既能为周边企业提供能源，又能解决周边村镇居民或商户生活及采暖用气，剩余部分发电并入电网，年发电量达到 1300 万千瓦时。沼液处理后直接还田，沼渣用于生产商品有机肥和园林土等(图 4-18)。

3. 经验做法

将农村废弃物视为“放错位置的资源”，吸引社会力量参与农业农村固体废物资源化利用，坚持问题导向、目标导向、结果导向，从健全农村环境治理体制入手，补齐工作短板，提升治理效能，实现农业农村固体废物常态长效处理。

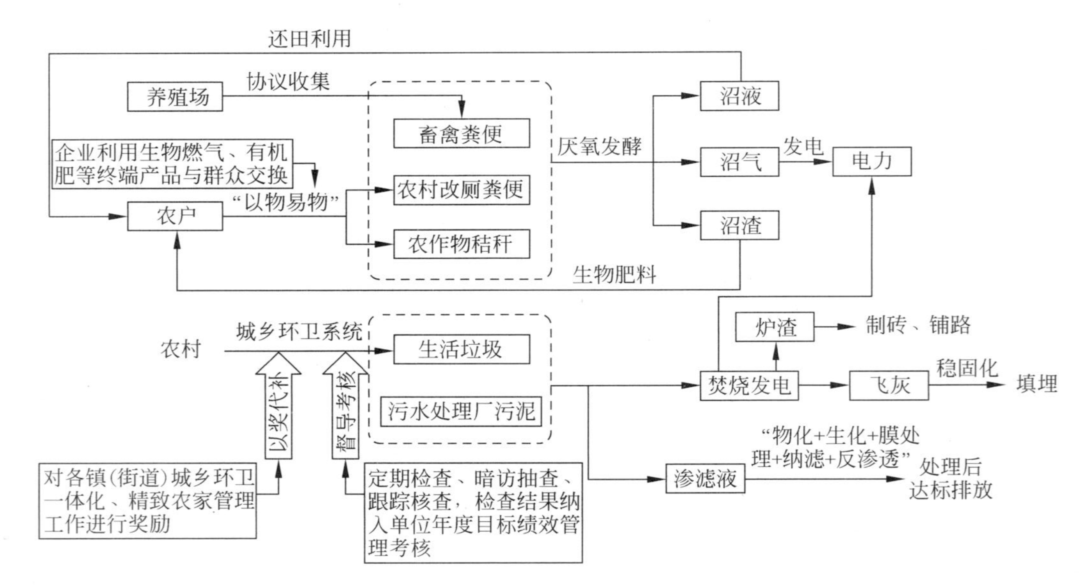

图 4-18 以涉农企业为依托的农业农村固体废物综合利用模式

（1）坚持统筹谋划。将“百村示范、千村提升”美丽乡村建设三年行动和农村人居环境整治三年行动有机结合，充分考虑全市601个村庄的地理位置、自然环境、产业基础，按照示范引领、改造提升、搬迁撤并等不同类型，制定差异化农村人居环境改善目标，科学确定建设标准、方法和重点，防止生搬硬套、“千村一面”。

（2）整治管护并重。坚持内外兼修、村居家居同步，全面推进农村人居环境整治提升，对卫生死角、乱搭乱建等问题进行全面摸排，做到边摸排、边反馈、边整改，进一步提升农村“颜值”。将环境管护工作纳入村规民约，充分发挥党员干部、村民代表示范带头作用，落实分片包户管理责任，巩固扩大整治成效。

（3）加大资金投入。坚持政府主导、社会参与、金融支持，多渠道筹集资金，建立财政投入稳定增长机制，将农村人居环境整治资金列入年度财政预算，不搞“平均主义”和“一刀切”。每年拿出450万元作为专项奖励资金，采取“以奖代补”的形式，对各镇（街道）城乡环卫一体化、精致农家管理工作进行奖励。

（4）强化督导考核。对各镇（街道）城乡环卫一体化、农村人居环境整治工作，采取定期检查、暗访抽查、跟踪核查等方式进行检查评估，检查结果纳入单位年度目标绩效管理考核，作为年终兑现奖惩的重要依据，对工作严重滞后的镇（街道）主要负责人，按照有关规定进行约谈，倒逼各镇（街道）全力以赴狠抓落实。

4.3.2　山西长治市农林生物质热解联产供暖工程

1. 项目概况

长治市潞城区位于山西省东南部，太行山西麓，上党盆地东北边缘。长治农林废弃物热解/气化联产供暖工程位于山西省长治市潞城区微子镇和成家川街道。

长治市通过清洁能源供暖的试点示范，解决了秸秆乱堆放和就地焚烧问题，从根本上解决了项目区农村环境“脏、乱、差”问题，项目区秸秆及农林废弃物等生物质原料综合利用率达到98%。项目区环境质量及农户采暖季室内空气质量明显改善，村庄“生活、生产、生态”三位一体协调推进，通过“零碳示范村”建设，建成了生物质热解气化生产线，以及供热管网等基础设施。

2. 技术路线与建设规模

（1）微子镇生物质气炭联产集中供暖示范工程。该工程于2018年9月建成，采用的技术路径为“集中热解气化制气＋燃气管道输送＋燃气热水锅炉＋分布集中供热”，建设内容包括生物质连续热解设备1套（日产45000m^3燃气）、燃气热水锅炉 8 套(其中 2 蒸吨锅炉 2 套、1 蒸吨锅炉 6 套),配套建设燃气输送管网 4000m。供暖总面积为 6 万平方米,为微子镇中小学、镇村政府机关、医院和 569 户农户集中供暖,2019—2022 年四个供暖季连续稳定运行。

(2) 成家川生物质热炭联产集中供暖示范工程。该工程于 2019 年 9 月建成,采用的技术路径为"集中热解气化制气＋粗燃气直燃＋余热回收(热水)＋集中供热",建设内容包括生物质连续热解设备 1 套(日产 11000m^3 燃气)、二次燃烧系统 1 套、余热锅炉 3 套(其中 6 蒸吨锅炉 1 套、3 蒸吨锅炉 2 套),配套建设供暖管网 3500m。供暖总面积为 10.6 万平方米,为成家川街道办事处 786 户农户集中供暖,2020—2022 年三个供暖季连续稳定运行(图 4-19)。

图 4-19 生物质热解联产供暖工程

以农林生物质连续热解气炭联产技术为基础,可根据资源禀赋、用能习惯和基础设施条件等,选用以上不同的供暖技术路线。总体上,"燃气输送＋分布供暖"模式(图 4-20(a))工程建设成本相比较高,但燃气存储后供暖系统运行的弹性和适用性更强,"燃气直燃＋集中供暖"模式(图 4-20(b))技术工艺相对简单,供暖成本低,但使用场景受到一定限制。

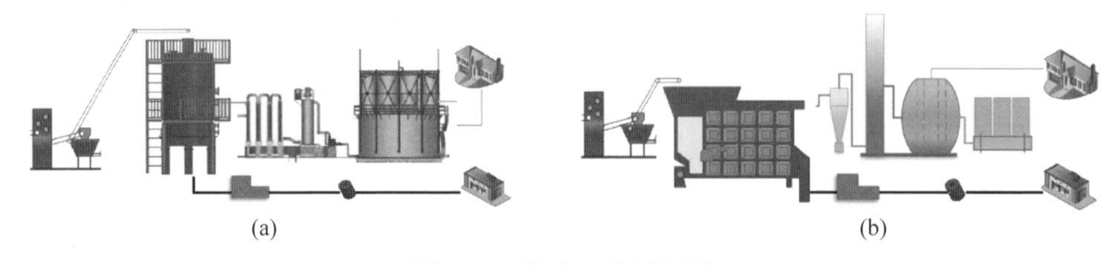

图 4-20 技术工艺原理图

3. 主要成效

以成家川生物质热炭联产集中供暖示范工程为例,每年消耗生物质原料 5500t,实现碳减排 6500 余吨,并有效减少了二氧化硫、氮氧化物排放。该项目将农林固体废物转化为清洁能源,并直接应用于农村供暖,实现了"变废为宝"、就地利用,在改善农民用能结构、提高农业附加值等方面发挥了重要作用。

知识链接 18——

生物质热解联产供暖技术模式

生物质热解多联产技术具有资源利用率高、产品形式多样、二次污染少等优点,可进一步提高生物质资源的开发利用综合效益,符合我国生物质资源开发利用战略需要,具有良好的推广应用前景。下文分别介绍 3 种典型的热解多联产供暖模式。

(1) 热解炭气联产技术模式。高温热解气一般不进行冷凝分离直接进入蒸汽锅炉燃烧生产高温蒸汽,或将高温热解气进一步增温,进行催化裂解除焦并经除尘设备脱尘后,通入蒸汽锅炉燃烧生产高温蒸汽。高温蒸汽可用于居民供暖或工业生产。该联产模式与炭气油联产模式相比,具有工艺简单、生产成本低等优点,适合在有蒸汽需求的工业园区或供暖需求的居民区推广使用,若本技术模式只用于冬季供热,设备的利用率将受到一定限制(图 4-21)。

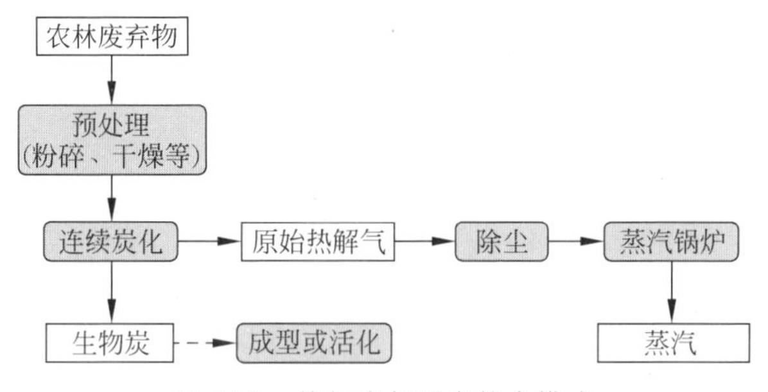

图 4-21　热解炭气联产技术模式

(2) 热解炭气电联产技术模式。高温热解气经净化分离后进入储气柜存储,热解气通过管道入户优先供应居民作为炊事、取暖等日常用能,多余的热解气用于内燃机发电。该模式具有机动、灵活的特点,几乎不受地域和自然条件限制,具有广泛的适用性。目前小型发电系统上网或建立微电网系统还比较困难,使得该模式应用中存在一定的局限性(图 4-22)。

(3) 热解炭气汽电联产技术模式。高温热解气经净化分离后进入储气柜存储,热解气通过管道入户优先供应居民作为炊事用能,多余的热解气用于内燃机发电或生产蒸汽。与炭气电联产模式相比,该模式具有更好的适用性,对于生产规模较大的项目,夏季供户外的燃气主要用于发电,冬季供户外的燃气主要用于生产蒸汽集中供暖,可实现全年生产平衡、供暖与发电互补。但与炭气电联产模式相比,此模式的项目投资会相应增加(图 4-23)。

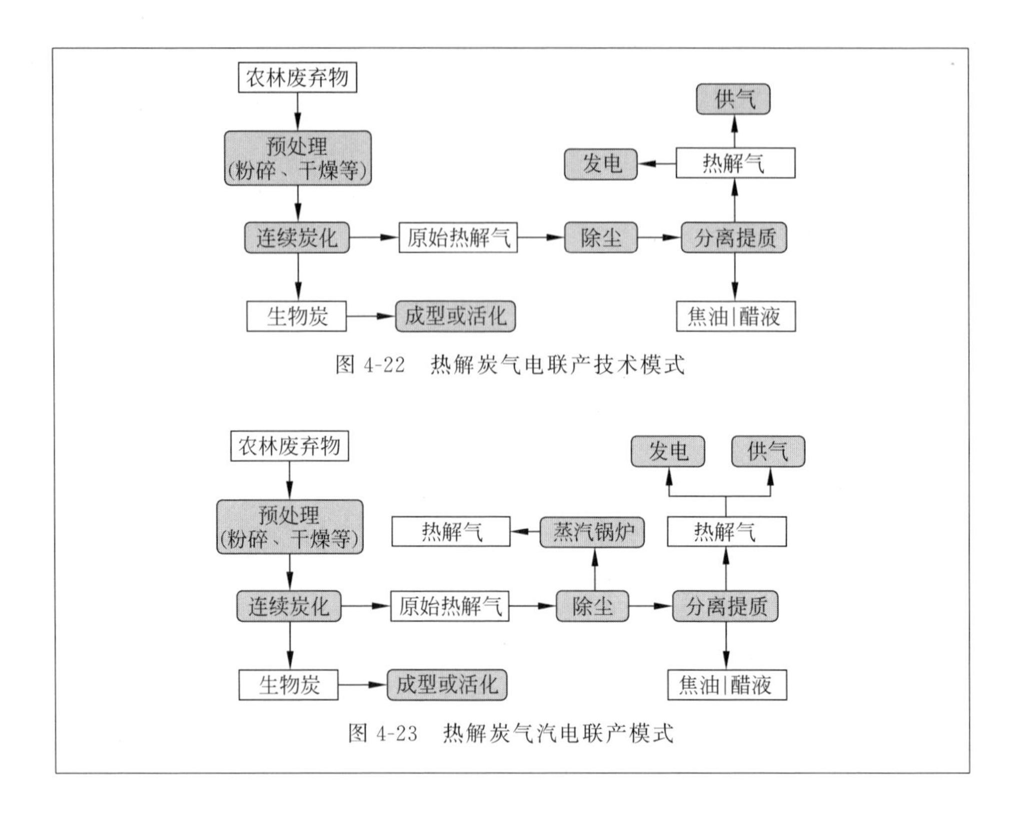

图 4-22 热解炭气电联产技术模式

图 4-23 热解炭气汽电联产模式

4.3.3 山东阳信县生物质能源清洁供暖模式

1. 发展概况

阳信县隶属山东省滨州市，为县级行政区，位于黄河三角洲平原开发中心地带，面积为 793 平方千米，总人口为 46 万，是闻名的中国鸭梨之乡、全国畜牧百强县，梨树剪枝、农作物秸秆、畜禽粪便等农业固体废物产生量大。近年来，阳信县借力市场机制、调动社会资源，通过算好“环境、民生、发展”共赢账，结合农村清洁供暖需求，积极发展生物质能源，累计完成 8 万多户生物质清洁取暖，覆盖全县 9 个乡镇(街道)，被授予“中国北方农村清洁取暖典型模式示范基地”称号。

2. 技术方案

阳信县在县城区、部分乡镇办驻地及村庄推行热电联产集中供暖。在学校、医院、敬老院等公共场所及部分有条件的村庄，推广“生物质成型燃料＋锅炉机组分布式取暖”。在地理位置偏远、经济基础偏差的村庄，采用“生物质成型燃料＋专用炉具分散式取暖”。初步构建了“农户就地收集、企业就近加工、全域就地使用”的生物能开发利用阳信方案。

(1) 生物质热电联产区域集中供暖模式。阳信县温店镇建成并运行的热电联产清洁供热项目，以玉米芯、秸秆等农业固体废物为主要原料，通过提取农作物秸秆中的半纤维素生产糠醛、木糖，把生产后的废渣作为锅炉燃料生产高压蒸汽发电，同时利用余热为周边农村供暖，实现生物质资源的综合利用。项目集中供暖面积为5.12万平方米，同时，还为周边蔬菜大棚冬季生产清洁供热。

(2) 生物质锅炉区域集中供暖(分布式清洁取暖)模式。对于中小学校、卫生所等公共建筑和村庄规划较规范、经济条件较好、村班子及群众基础好的村庄，积极推广生物质成型燃料锅炉供暖。对于生物质锅炉采暖村、中小学校等地，采取合同能源管理(EPC)等方式，由专业企业管理运营生物质锅炉供热项目，形成以分布式可再生能源热力服务为特征的生物质锅炉供暖新兴产业，开创了农村取暖能源化管理的先河。

(3) 生物质户专用炉具供暖(分散式清洁取暖)模式。在人口居住分散、不宜铺设燃气管网的农村地区，推广户用生物质成型燃料专用炉具，有效替代农村散煤，解决农村居民户用取暖及炊事的用能需求。探索实施以生物质炊事取暖炉(水暖炉)为主的农村“厨房革命”，推动生物质炉具与秸秆、农产品加工剩余物和林业剩余物等生物质资源的能源化利用。

3. 主要成效

(1) 经济效益方面。就用户而言，按当前补贴政策，生物质清洁取暖较煤改气、煤改电的改造成本低。就企业而言，按阳信现有每年产生的秸秆、牛粪、树枝、锯末测算，年可生产颗粒燃料100万吨，颗粒燃料生产产值就超过10亿元。

(2) 生态效益方面。木质颗粒燃料燃烧后，颗粒物浓度$<45mg/m^3$，氮氧化物浓度$<200mg/m^3$，林格曼黑度小一级，SO_2一般检测不出。连续多年，阳信县空气质量实现持续改善。

(3) 社会效益方面。农户普遍反映，改用生物质清洁取暖符合农村传统生活习惯，而且操作简便、使用安全、成本低。山东省乡村文明行动群众满意度电话调查结果显示，阳信一直在滨州市排名第一，位居山东省前列。

知识链接19——

我国北方农村地区供暖现状与需求

中央财经领导小组第十四次会议上，习近平总书记强调，推进北方地区冬季清洁取暖等6个问题，都是大事，关系广大人民群众生活，是重大的民生工程、民心工程。推进北方地区冬季清洁取暖，关系北方地区广大群众温暖过冬，关系雾霾天能不能减少，是能源生产和消费革命、农村生活方式革命的重要内容。

1. 供暖现状

农村地区大量劣质散煤的利用导致污染物排放严重。我国农村煤炭消耗量超过3.14亿吨，占农村能源消费的40%以上。受社会经济条件制约，农村供暖中散煤使用普遍，尤其是我国北方供暖季，农村地区散煤使用总量大、时间集中、排放分散，不加装任何脱硫除尘装置，污染物排放严重。

我国北方地区大多数农村住宅布局分散，建筑多为单层单院式，不适合采用城市普遍使用的集中供暖方式。目前，北方农村地区应用的分散采暖方式主要有火炕、火炉、土暖气或散热器等。火炕或火炉供暖在东北、西北和华北部分地区的农村尤为普遍，黑龙江、吉林、辽宁和河北四省的农村冬季取暖还有一定比例的农户采用火墙，火墙多数与火炕配合使用。

随着农村经济的发展和农民生活条件的改善，部分地区农村建筑结构及面积趋于城镇化，传统的供暖方式已不能满足农民对取暖舒适性的要求，土暖气对火炕的取代率很高。近年来，全社会对大气质量持续高度关注，在政府补贴资金和激励政策引导下，宜电则电，宜气则气，旨在治理冬季农村燃煤污染的行动在北方农村地区稳步实施。"煤改电""煤改气""煤改太阳能""煤改生物质""煤改地热能"等工程大力推进，电暖气、空调、空气源热泵、太阳能集热器、地源热泵和多能互补供热系统等新型清洁取暖技术在农村地区的使用率逐年提高。

2. 主要问题

受经济社会发展水平和自然地理条件等因素制约，北方农村采暖还存在供暖基础设施落后、能源利用率低、污染排放严重等问题。农村人口分散化居住特征明显，集中的农村能源和供暖市场难以形成，造成供暖基础设施的建设、运营和管理成本较高。火炕、火炉等传统取暖方式能源利用率较低，小型的燃煤炉存在燃烧不充分、热耗散大等问题，能源利用率一般仅为40%～50%，在能源利用率方面还有很大的提升空间。

3. 需求分析

随着农民生活水平的持续提高和全社会对环境保护的日益关注，在清洁、便利、安全、节能等方面对北方农村取暖均提出了更高要求。与此同时，采暖费用大幅度提高，造成了农民生活成本增加。我国北方农村采暖需求主要表现为3方面的特征。

(1) 北方农村地区供暖需求体量大。随着生活水平的提高，农村新建住宅越来越多，农村建筑处于改旧换新的快速发展时期，以供暖为主的各类能源需求不断增加。尤其在东北高寒地区，冬季的采暖期达5～6个月，农村住宅采暖能耗达到农村住宅总能耗的52%，满足体量巨大的北方农村冬季供暖需求成为时代新命题。

(2)"散炭替代"是北方农村采暖的首要任务。冬季北方空气污染加剧，农村采暖用煤是重要原因之一。农村采暖以散烧煤为主，我国每年民用散煤消耗量超过3亿吨，总量较工业用煤少，但时间集中、低空分散，不加装任何脱硫除尘装置，对大气污染严重。据报道，燃烧1t散煤的大气污染物排放量是一般电厂燃烧等量煤炭的10倍以上。

(3) 节能推广在北方农村地区冬季采暖中急需落实。开源与节流并举，农村节能，尤其是北方采暖地区农村建筑节能、炉具节能技术推广不容忽视。我国北方大部分住宅为坡顶或平顶单层住宅，绝大多数的农村住宅没有保温措施，供暖方式设计、建造不合理。一方面，要做好建筑物自身的保暖改造，另一方面，需做好节能技术与产品的推广应用。

4.4 收储运体系

4.4.1 江苏徐州市农作物秸秆收储运体系

1. 运行模式

农作物秸秆的产生季节性强，疏松、运输和储存困难，徐州市综合考虑终端企业的利用规模、利用特点、秸秆禁烧区划分和对重要地保护等因素，按照就近利用和效益最大化原则，开展秸秆收储运体系建设(图4-24)。

徐州市发展"合作服务""村企结合""劳务外包"等多种形式的秸秆收储运服务，鼓励公司、企业、个人深入田间地头开展专业化收储运服务。睢宁县官山镇探索实施了"秸秆收储企业＋秸秆合作社＋种植大户＋低收入农户""秸秆利用企业＋秸秆收储企业＋秸秆合作社＋农民秸秆经纪人"等收储运模式，培育了一批秸秆收储骨干企业，基本形成了政府引导、市场主导、企业和农户广泛参与的市场化运作模式和机制。

2. 经验做法

(1) 出台配套政策。为培育秸秆收储运体系，徐州市先后研究出台了《市政府关于全面推进农作物秸秆综合利用的意见》《徐州市秸秆禁烧与综合利用工

图 4-24 江苏徐州市秸秆收储运体系

作实施方案及考核奖惩办法》等文件，明确提出通过政府推动、市场运作和经纪人队伍建设，推动农作物秸秆收储运体系建设，要求各县(市)、区每个乡镇(办事处)均要建成1处以上秸秆收储转运中心。

(2) 落实财政补贴。对秸秆收集储运、秸秆利用环节实行按量奖补，对新建的秸秆收储中心，县级财政从打包资金中给予适当补助，用于基础设施建设及购买生产设备、电力增容等。对秸秆利用实行按量奖补，补贴资金为20～50元/吨。对秸秆收贮临时堆放场地和其他秸秆利用项目用地，鼓励尽量利用农村空闲土地和十边隙地，确需占用农地的，按照设施农用地进行管理，使用结束后及时恢复耕作条件。

(3) 推进全域统筹。合理安排秸秆还田和秸秆离田利用范围，从空间上对秸秆收储企业进行合理布局。目前，徐州市主城区(云龙区、鼓楼区、泉山区、经济开发区)及铜山区重点安排秸秆还田任务，而距离终端企业较近、离田利用需求较大的市县(包括沛县、睢宁县、邳州市等)，重点扶持发展秸秆收储运专业化市场主体。

3. 主要成效

在邳州市、睢宁县、新沂市、铜山区、丰县、沛县等重点县(市)、区及秸秆产生大镇设立秸秆收储中心(面积不少于20亩)，对尚未实现秸秆机械化还田全覆盖的行政村，至少设立一个秸秆临时集中堆放点，形成了“镇有秸秆收储中心

(站、点),村、组有秸秆临时堆放点”的收储体系。截至2021年年底,已建成秸秆收储中心及临时收储站点1200余处,全市秸秆收储能力达150万吨,秸秆收储运体系已覆盖全市全部乡镇和涉农街道办事处。

通过秸秆经纪人模式和政府补贴措施,建立起高效便捷的秸秆收储运网络,大幅提升了秸秆离田利用效率,盘活了秸秆收储运市场,推动了秸秆综合利用的产业化、市场化,实现了环境保护、农民增收和经济发展的多重共赢。

4.4.2　山东省威海市农业农村固体废物全域全量收储运体系

1. 运行模式

(1)“易物”收集模式。依托专业公司有机废弃物处理项目,创新推行“以物易物”的农业固体废物收集模式。根据不同有机物废物处置难度,以及转化为生物燃气、有机肥等终端产品的价值,明确不同废物换取产品的比例及具体操作步骤,引导群众按照要求收集秸秆、厨余垃圾、人畜禽粪便等固体废物,与企业进行兑换,企业通过“买进”和利用农业固废产生利润,群众通过“卖出”农业固体废物得到实惠,实现民企双赢互惠。

(2)“全域”收集模式。依托城乡环卫一体化收集模式,以减量化、资源化、无害化处理为目标,先后投资4000余万元建成镇级垃圾等固体废物中转站10处,配套垃圾收集转运设施,组建环卫清扫专业队伍,优化提升“村收集、市转运、集中处理”模式,全市601个村的生活垃圾等固体废物清运、转运工作及10处垃圾中转站的管理维护主体由镇村调整为市级,“一竿子插到底”统筹调度、集中管理,确保农村生活垃圾应收尽收、日产日清、不留死角。

2. 主要成效

实现了对农业农村固体废物的分类收集处理,从根本上破解了农村环境整治制约瓶颈,满足了群众多样化民生需求,用最适合的处置方式获取最大化的经济效益,实现经济价值和生态价值“两条腿走路”。建成镇级垃圾中转站10处,配套垃圾收集转运设施,组建了环卫清扫专业队伍,全市农村垃圾收集转运率达到100%。

4.4.3　河南许昌市农业固体废物分类收储运模式

1. 运行模式

(1)整县推进,统一处理。坚持源头减量、过程控制、末端利用的治理路径,以畜禽粪污肥料化和能源化利用为主要方向，不断提升畜禽粪污资源化利用水平。对于规模以下养殖场的畜禽粪污，一方面积极引导实施“三进三退”（退出散养、退出庭院、退出村庄，进入规模场、进入合作社、进入市场循环），指导养殖场户及时收集和处理粪污，确保其不污染环境。另一方面，在全市规划建设了10个区域性粪污集中处理中心，对规模以下养殖密集区畜禽粪污进行统一收储和集中处理，全部实现资源化利用。

（2）财政扶持，分级收储。积极探索并逐步推广了“三位一体”的分级收储回收模式。以乡镇为中心建立秸秆收购专业合作社，培养发展经纪人，建立长期紧密合作的收购团队和原料收储基地。以村级为单位引导设立秸秆收购点，村级秸秆收购点所收秸秆原料统一由与企业签约的乡镇专业秸秆收购合作社（秸秆原料收储基地）进行收储。根据秸秆收购、储存、运输等各环节特点，鼓励企业提供与之匹配的人员、设备、技术、价格、管理等服务，并对签约的秸秆收购专业合作社采取优先收购、存储补贴、任务奖励等多种收购措施。

2. 经验做法

（1）实施“蓝天卫士”电子监控。传统的秸秆禁烧主要采取人防手段，人力、物力耗费较大。许昌充分发挥技防作用，利用铁塔基站资源，在铁塔顶端安装高清网络摄像头，构建对农村区域全覆盖“蓝天卫士”电子监控系统，实现对农田、村庄、道路等360°、24小时全天候无死角监控，有效解决了防控区域大、人力监管难、资源投入多、行政成本高的难题。

（2）明确离田收购指标。将秸秆回收与秸秆禁烧一并列入乡镇工作重点，下达秸秆收购指标，合理安排收割机不带旋耕刀工作区域，留足打捆收购面积，并将分配给各乡镇的收购秸秆数量纳入工作考核目标，完成收购任务的给予奖励，完不成任务的按比例扣付保证金。

（3）落实相关扶持政策。支持秸秆收储基地与秸秆回收点的建设，国土部门免费办理各种临时用地手续，对于占地5～15亩、收购量大于50吨/亩的收购基地，县财政按1000元/亩的标准补贴。对于村镇从事秸秆收储的经纪人，县财政按相关标准进行补贴，对秸秆专项运输的车辆给予特别绿色凭证，保障秸秆运输。

知识链接20——

农业固体废物收储运体系

农业固体废物收储运体系指为实现农业固体废物离田利用或集中处置，根据相关技术标准并采用专用设备开展的农业固体废物收集、存储和运输等经营或作业活动，是农业固体废物无害化处理或资源化、规模化综合利用的重要环节，对农业固体废物处置或利用成本影响很大。目前，我国在秸秆收储运体系、废旧农膜回收体系、农药包装物回收体系建设等方面均取得了积极进展。以秸秆收储运体系为例，简要阐释有关情况。

（1）秸秆收集系统。稻麦、玉米等禾本类农作物秸秆经田间预处理后直接打捆处理。冬季瓜菜、热带水果等作物秸秆田间收集可先粉碎后收集。收集装备主要包括拖拉机、田间搂集设备、打捆设备、捆型捡拾设备、叉装设备、田间转运机具等。秸秆捆型及大小的选择可根据田间道路、运输车辆、田间地块条件、机具拥有情况、收储运成本等确定，要满足秸秆快速离田要求，兼顾秸秆应用的经济性。

（2）秸秆存储系统。秸秆存储系统包括秸秆暂储料场、主储料场和缓存料场，承担秸秆原料各环节的存储功能。可根据实际需要配置相关设施设备，主要包括质量检测设备、汽车衡、抓草车、叉车、场地转运设备、场地监控及照明设施等。料场应避开积水低洼地段，远离村庄，并处于居民区全年风向最小频率的上风侧，料场应远离生产区、生活区。

（3）秸秆运输系统。秸秆运输应为捆型秸秆，长距离运输推荐采用大方捆、中圆捆型，小捆型不适宜长距离运输。运输时应严格按照《道路交通安全法》规定，不超载、不超宽、不超高。短距离秸秆运输（＜10km）可采用农用车辆，长距离运输（＞50km）应选择大中型运输车辆。粉碎后的秸秆宜采用自卸汽车或斗式拖车运输，应进行苫盖，防止运输途中碎料遗洒。

参 考 文 献

[1] 中国农业信息网畜禽粪便对环境的污染及防治措施[Z/OL].(2015-01-06).

[2] 任宗杰,秦萌,袁会珠,等.乡村振兴背景下做好农药包装废弃物回收处理工作的思考[J].中国植保导刊,2021,41(4):81-84.

[3] 郝庆照,王春夏,朱明玉,等.石灰氮-花生壳土壤保育修复技术研究[J].现代农业科技,2015(5):207,210.

[4] 蒋剑春,孙康.活性炭制备技术及应用研究综述[J].林产化学与工业,2017,37(1):1-13.

[5] 丛宏斌,姚宗路,赵立欣,等.中国农作物秸秆资源分布及其产业体系与利用路径[J].农业工程学报,2019,35(22):132-140.

[6] 秸秆青贮技术——秸秆饲料化技术系列(一)[J].农业科技与装备,2015(6):2.

[7] 吴幸芳,廖威,毛露甜.鸡粪饲料化在养殖中的应用[J].广东饲料,2013,22(1):38-39.

[8] 农业农村部浙江省全域打造农业绿色发展的综合样板[Z/OL].(2019-03-04).

[9] 海南省农业农村厅办公室关于印发秸秆综合利用重点技术和收储运体系建设要点的通知[Z/OL].(2021-05-20).

[10] 微塑料污染与日俱增土壤修复箭在弦上![Z/OL].(2019-09-29).